认知尺度

魏坤琳／陈虎平
等著

阳志平
主编

中信出版集团 | 北京

图书在版编目（CIP）数据

认知尺度 / 魏坤琳等著；阳志平主编 . -- 北京：
中信出版社，2019.3
ISBN 978-7-5086-9814-4

I. ①认… II. ①魏… ②阳… III. ①认知方式
IV. ① B842.1

中国版本图书馆 CIP 数据核字（2018）第 265297 号

认知尺度

著　　者：魏坤琳　等
主　　编：阳志平
出版发行：中信出版集团股份有限公司
（北京市朝阳区惠新东街甲 4 号富盛大厦 2 座　邮编　100029）
承 印 者：北京楠萍印刷有限公司

开　　本：880mm × 1230mm　1/32　　印　　张：7.75　　字　　数：127 千字
版　　次：2019 年 3 月第 1 版　　印　　次：2019 年 3 月第 1 次印刷
广告经营许可证：京朝工商广字第 8087 号
书　　号：ISBN 978-7-5086-9814-4
定　　价：59.00 元

目 录

序 1
认知尺度——探索心智宇宙的望远镜

开智学堂（OpenMindClub.com）是阳志平老师发起的、以认知科学为基础的一家新职业教育机构。它的王牌特色是强调通识教育的认知学院，以及围绕互联网新经济的黑客学院、增长学院、写作学院等技能教育。

从 2015 年创立至今，开智学堂集合了一群“异类”导师，每一年，大家会召开一个应用认知科学大会，围绕特定主题，研习认知科学，交流心得。我有幸参与其中，得以结识众多师友。这批师友有很多共同的特质，比如都是内在驱动，都遵循一系列高级认知模型，而且对事物、对未来都有精准的判断和洞察。我时常惊叹于这些师友的能量，也常琢磨他们如何能有这样奇特甚至刁钻的视角和观点，后来总结出一个原因：他们独特的认知尺度。

斯坦福大学心理学教授卡罗尔·德韦克在阐释“成长型心智”“固定型心智”时，把心智模式比喻成我们时刻戴着的一副眼镜，你察觉不到它的存在，但它却决定着你看到的世界是什么样子。顺着这个比方，如果说心智模式代表了眼镜的类型，那么一个人的认知尺度就代表着其镜片的度数——同样是望远镜，徕卡和哈勃看到的景象可截然不同。

我们也许看不到外太空，但可以把思考空间延展到整个宇宙。小说作家郝景芳正是从全宇宙的尺度去探寻人生的意义，当你知道无形的波函数世界通过人的意识和感官显形，作为宇宙的观赏者，你会有新的体会。当绝大多数人还徘徊在“我在哪儿、有什么特长、想做什么”的层面来规划人生路径，哲学博士陈虎平已直接把比例尺拉大，把人生设计放到城市演化、产业驱动的大时代背景中，最优决策一目了然。创业者徐毅斐在设计产品时，没有局限于绘本、动画片还是游戏的常规分类，而是坚持以用户体验为导向，最终做出了一个“四不像”却广受欢迎的儿童教育产品。科幻作家陈楸帆则将“现实生活”理解为一种“虚拟现实”，通过空间尺度的转换，让死理性派的自己“丧失理性”，找到了重新体验世界的入口。

人习惯于线性思维、因果思维，这种千万年进化出来的大脑快捷方式，却让我们容易困于时间的限制。要规避这种大脑漏洞，你需要经常提醒自己变换时间尺度来看问题。“多背一公斤”创始人安猪用时间思考法来决策，大到 10 年后的目标，小到要不要写一篇文章：你是追求 10 万 +，希望占有更多的用户、更大的地盘，还是想让文章在10年后甚至百年后依然有阅读价值？人人都想先看到未来，然而世间没有时光机，新闻人安替选择去到时间源头，利用未来分布不均造成的认知时差，对未来进行提前套利。我自己在开智学堂的分享，强调时间的复利效应，坚持大时间周期的刻意练习、终身学习，实现跃迁式发展。从写代码转行用户体验设计的路意，多年来坚持用作品说话，因为作品是“时间的晶体”——对创造者来说，大时间周期正是他们思想品位审美的放大器。

高手不但善于通过时空变形来优化决策，还善于利用科学工具来拓展自己的思维边界，提高效率。信息过载时代，几乎没人能免受其扰，认知科学家黄扬名跳出了传统的时间管理等应对之道，从人脑认知机制入手，利用外部环境和物品进行认知卸载，减轻大脑负荷，从而提高大脑效率。人的成长轨迹看似千人千面，实则暗藏玄机。为什么有些人选择慢车道，缓慢生长，有些人则直接开进快车道，一路狂奔？心理学家吴宝沛从进化心理学的角度揭开了生命策略选择的背后规律。遇到他人求助，帮还是不帮？清华大学积极心理学研究中心办公室主任赵昱鲲把“助人”这件事从道德的属性框架打开，从科学视角告诉你，应该做一名理性给予者，避免因病态利他导致自我枯竭，给索取者可乘之机。名字是一个品牌重要的核心资产，什么样的名字才能让人记得住、传得开？给北京取了150多个地名的著名策划人李雪淞运用认知科学、社会心理学等强大工具，得出了一个心智地标公式。要塑造个人形象，也许你可以先给自己改个名字。

地域、行业、场景、年龄、学科背景、个人经历……人都会受到所在尺度的束缚，一旦将思考尺度抽象变形，无穷大或无穷小，往往会收获新的价值。如果我们以光的速度和光一起旅行，会发生什么？要是你早知道自己不会失败，你会尝试做什么？正是这些极端化的大问题，让我们一次次打破时空藩篱，拓宽与外界的接口，进入更大的世界。

希望你也能找到自己的大问题，从异类的视角，获得全新的发现。

北京大学心理与认知科学学院教授　魏坤琳

序 2
用科学拓展你的认知尺度

这是一个焦虑的时代。认知升级在这个时代，喧嚣一时。越来越流行的“认知”一词究竟是什么意思呢？《现代汉语词典》的解释是“通过思维活动认识、了解”。简单来说，它原本是指通过各种心理活动（如感觉、知觉、概念、推理或想象）获取知识。相对“思维”“学习”“心智”来说，“认知”显得更高大上。因此，今天市面上流行的“认知”一词，在知识焦虑时代被广泛使用，大大泛化了它的原意。比如，你能看到以下几种常见用法。

第一种是成功学。试图把成功原因都总结为“认知”，这类常见用法有“重建认知”、“认知迭代”、“认知突围”与“认知升级”。只要你不断“重建认知”“认知迭代”，你就能“认知突围”与“认知升级”。

既然人生一切不如意都是因为存在“认知瓶颈”，那么就顺理成章有了第二种用法：知识付费。为了“认知突围”，我们需要不断购买那些能帮助自己升级“认知”的灵丹妙药。你的知识体系不好，是因为你没有学习我的“认知方法论”；你的思维习惯不好，因此需要参加我的“认知训练营”。

想象一下，灯光闪亮，舞台中央，成功学讲师、传销教主们拿着话筒，歇斯底里地吼道：认知！认知！认知！

殊不知，两千多年前的柏拉图已说过：“所谓智术师，不就是用批发或者零售的方式经营精神食粮的人吗？”柏拉图劝众人：“我的朋友，赶快停止吧，不要把你最贵重的财产拿去赌博，因为购买知识的冒险性比购买酒肉大得多。”

“认知”不是万能背锅侠。斯坦福大学管理学教授、组织决策研究领域卓有贡献的学者詹姆斯·马奇曾经调侃过，你在人生很早期做的三个决定——谁当你的父母、你在什么地方什么时候出生、你的性别——可以解释你一生各类成就一半以上，比如，你是否能成为领导者、你的智力天赋如何，剩余的随机变异需要你用一生去拼。“认知”更不是人生捷径，小天下在后，登泰山在前，那需要一步一个脚印。

人云亦云多半沦为众人。一个少为人知的事实是，舶来词“认知”2005 年才被《现代汉语词典》收录。另一个少为人知的事实是，还存在一个专门研究“认知”的学科，这就是认知科学（Cognitive Science）。

什么是认知科学？认知科学是研究人类心智的学科，它发源于20世纪70年代。认知科学有6个母亲：哲学、心理学、语言学、计算机科学、人类学与神经科学。从认知科学诞生的时间你会发现，认知科学与计算机同步而生，早期的认知科学家往往也是计算机科学家。因此，第一代认知科学，借用人脑是一台计算机的隐喻，将认知科学定义成一门研究人脑如何获取信息、处理信息以及输出结果整个过程的学科。

第二代认知科学诞生后，科学家们才发现，原来，人脑并非一台硅基计算机，而是一台深受环境与他人影响的碳基计算机。拿记忆举例，第一代认知科学的突出成果是“工作记忆”（working memory）。什么是工作记忆？你可以将人类大脑想象为一个输入输出装置。这个装置输入输出速率的瓶颈就是工作记忆。人类所有认知能力，包括阅读、记忆、注意、执行功能，都受制于它。

到了第二代认知科学，科学家们普遍发现，我们的记忆，不仅受制于工作记忆，还受制于环境，这就是具身认知（embodied cognition）。比如，你在南方炎夏与北极雪原，提取的记忆大不一样。再举个例子，高低上下、前后左右，这些看似与记忆无关的空间方位，都会沉淀为人类的集体记忆。比如，在多数国家，人们习惯用高表示尊贵，低表示卑微，你喜欢高风伟节、高明远见、高朋满座，还是愿意低三下四、伏低做小、低人一等呢？

也许你会发现，认知科学家们探讨的话题中，竟然没有一个是“认知升级”这类高大上的词汇，都是“工作记忆”“具身认知”这些定义清晰、解释边界明确的学术概念。但它们的的确确改变了我们关于世界、关于他人、关于自我的认知。

这就是我理解的认知升级——从科学出发，掌握更多有助理解世界真相的知识，逃离焦虑，远离功利，求真第一。

科学、工程、人文艺术甚至宗教、常识，从不同角度在帮助我们接近真善美。在其中，认知科学尤其重要，毕竟它是直接研究人类认知的学科。因此，在 21 世纪初，美国国家科学基金会和美国商务部提出宏伟计划，即“聚合四大技术，提升人类素质计划”。在该计划中，美国国家科研政策制定者认为，21 世纪有三大重要技术：信息技术、生物技术、纳米技术，而这三大技术应在认知科学统率之下，直接提升人类素质。将纳米、生物、信息、认知四大前沿科技英文缩写汇总在一起，就是 NBIC 一词的来源。NBIC，也意味着当前人类科学前沿。

本书作者，要么是在北大清华这类一流的认知科学研究机构工作，要么是拿过世界各类大奖的认知科学爱好者。在过去三年，大家彼此欢聚，每一年围绕固定主题，探讨认知科学，达成共识。那么，本书作者们揭晓了认知科学哪些对你有启发的结论？

正如书名《认知尺度》暗示的一样，作者们反复从时空尺度、思维尺度、人生尺度等不同认知尺度，弹奏四个认知科学主题协奏曲。

第一，具身认知。香港中文大学哲学博士、新东方前名师陈虎平说：“读了 20 年书，但是读得越多，越发现读书得到的资料总不如亲身感受来得真实和准确，于是决定走出书斋，重返人间世界去深入认识一下。”这在认知科学里面叫具身认知，就是要深入一线，去现场感受。

世界华人科幻协会会长、科幻作家陈楸帆说，自己是一个过度理性的人，难以放松。借助具身认知理论，利用虚拟现实设备，反而更深刻地理解了自己的情感和身体。英国约克大学认知心理学博士、台湾辅仁大学心理系副教授黄扬名，将具身认知看作一种认知卸载的有力手段。比如老师教小朋友学习新的语文课文时会带他们唱唱跳跳，这就是让小朋友用身体唱跳的动作，帮助他们回想当时学习的知识。同样，正是因为本书作者们深刻理解具身认知的作用，使得大家每一年都从天南海北欢聚一堂，进行线下交流。

第二，认知学徒。哈佛大学尼曼学者、国际新闻人安替告诉我们，成为认知学徒是最快速的成长方式。有人说我们一开始就要做改变世界的工作，不要做这种打杂的工作。但认知科学的“合法的边缘性参与理论”告诉我们，只有做学徒，你才能从非常低的起点，以最快的速度，进入核心学界。

北京大学心理与认知科学学院教授魏坤琳同样告诉我们，在今天，要成为一名终身学习者，最佳的学习方式并非独自练习，而是在情景中学习。普通人想进入一个领域，有效方法是直接进入相关情景，找到自己的“学习共同体”，然后围绕重要成员，做一些外围工作。随着技能增长，进入学习共同体圈子的核心，逐步做更重要的工作，最终成为专家。

第三，时空认知。认知科学奠基人西蒙告诉我们，我们常常高估人性，却低估环境的复杂度。改变对时空的认知，你极可能会步入大大不同的一个世界。先说时间认知。未来 10 年你的目标是什么？“多背一公斤”发起人安猪问自己。在制定目标时，如果我们从关注能覆盖多大地理范围、影响到多少人等等这样的问题，转移到关注能在时间尺度上持续多久，你的取舍会从此大不同。

同样，屡获殊荣的 Zine 创始人路意强调“时间晶体”。“时间晶体”是什么？它就像现实生活中的晶体一样，在某一方向上，呈周期性出现。它可能是一个产品、一幅作品，也可能是一本书或者一个理论。纵观人类历史，这些文明中的“时间晶体”，都承载了创造者们的知识和创造力。有的晶体周期可能只有一年，有的可能是 10 年，而我们所说的经典，它的周期可能是千年。

不仅时间如此，在空间上也是如此，甚至作者们出现了表面相互冲突的观念。安替说，我们要去往时间源头——那些更代表未来的城市，比如硅谷、纽约、波士顿、北京。而陈虎平说，我们要重视那些新兴产业的新城区。未来20年是中国财富全面大爆炸的20年，会从沿海、京津冀、长三角、珠三角，直接向内地京广线、成渝线推进。

雨果奖得主郝景芳，从简简单单的一个苹果开始，教你如何区分事实和观念，接着抽丝剥茧，深入到原子分子构成，甚至再抽象到量子物理学的物质波层面。原来，我们对苹果的所有认识和判断，其实都属于感觉性质。人与宇宙关系正如此，物质波宇宙经过人类感官，才能在我们面前呈现出一套宇宙图景。正是由于人的存在，经由人的观察和思辨，宇宙得以“呈现”，物质波得以显形。

第四，社会认知——重新思考人与人的关系。有人说现代社会道德沦丧、人心淡漠，我们不敢再帮助别人。看到街边有老人倒下，我们不敢去扶。清华大学积极心理学研究中心办公室主任赵昱鲲，告诉你如何理性助人。

而香港中文大学进化心理学博士、北京林业大学人文社会科学学院副教授吴宝沛，从人类演化源头，思考了孩子与父母的关系。你的成年生活是雷电交加，还是风和日丽，从童年的“天气预报”就能看出端倪。父亲缺失的家庭会给女儿带来怎样的影响？一个小女孩会如何下意识地选择自己的生命史策略？

红鹤集团创始人李雪淞与斑马骑士创始人徐毅斐，以各自的人生故事，重新思考了人与人的关系。事物用名字传递信息，人类唯有通过它才能认知事物。名字的好坏，对个人来说也许仅关乎发展机会的多寡，但对于商业品牌来说，李雪淞认为："这是生死的问题。"给北京地段、各大品牌取名的 20 年，也是李雪淞构建认知品牌学的 20 年。徐毅斐说，中国文化是求同的文化，但我希望我们对"四不像"多一些宽容，给孩子更多成为"四不像"的机会——那是人类的未来。

春日行山间，溪流送花来。这些美妙的思想与文字，好比春日山间盛开的花朵，期待各位读者开卷有益，心流常在。

安人心智集团董事长　阳志平

第一部分　时空尺度：从趋势中寻找机遇

第一讲

利用未来与世界对赌

如果你有时间机器，能看到10年后的世界，你就能买入市值第一公司的股票，躺着赚钱；如果你有时间机器，能看到10年后的自己，就知道自己该走哪条路，将与谁在一起。可惜，你没有这种时间机器。

是否还有其他偷窥未来的方法呢？国际新闻人安替教你如何提前看到未来，如何塑造一颗以未来为导向的“勇敢的心”。

安替

国际新闻人，现任《财新·世界说》首席执行官。1975年生于南京，1995年毕业于南京师范大学工程学院，后转行做新闻，先后任职于《21世纪环球报道》《纽约时报》。2007年获得哈佛大学尼曼（Nieman）新闻奖学金。2012年在TED全球大会（TED Global）上发表演讲。

我与长腿女生的故事

1995 年大学毕业后，我一心想到一个完全陌生的地方，一个讲着我完全听不懂的语言的地方，从头开始。我觉得在那样的生活里，会有一种彻底从底层成长的感觉。于是，我到了无锡。我是南京人，讲南京话，无锡人讲的是无锡话，我一句也听不懂。

我大学学的是计算机，到无锡选择的工作是饭店的总台，对，就是整天说“Welcome to this hotel”（欢迎光临本饭店）的接待员，宿舍是在锅炉房的二楼。那个时候我觉得我智力过剩，所以就做了些疯狂的事情，每天晚上回去读藏语和古印度语。那时，我内心知道这样走下去是没有前途的。

直到 1996 年 7 月 28 日发生了一件事。这件事让我深深地觉得：如果没有 1996 年 7 月 28 日，我就不会站在这里。我这一生，做过很多很多错误的或者正确的决定，但是没有一次像那天的决定那么重要，甚至成就了安替这个人，所以我今天给大家分享一下，为什么那个决定那么重要。

那是个星期天，我下了夜班，9点钟去英语角，看到了一个穿着热裤的长腿女生。她只有16岁，正读高一，然后我们就开始谈电影《勇敢的心》。《勇敢的心》是1995年上映的一部非常好看的电影，讲述的是一个苏格兰的民族英雄带领乡民与英国的侵略者抗争的故事。

我发现，《勇敢的心》是个很好的泡妞的电影，为什么呢？因为电影一开始就有个小女孩爱上了男主人公威廉·华莱士，这告诉我们，早恋不是一个问题，这也为我当年作为一个刚毕业的总台员工和一个高一女生谈恋爱提供了合理性。

但这个片子最激动人心的，并不是感情部分，而是当威廉·华莱士在战场上鼓舞所有的人去对付比他们强大一百倍的侵略者时说的话。当我那天见到那个16岁的长腿女生的时候，我就跟她一起用英文重述了那段对白：

> Fight and you may die, run and you'll live. At least a while. And dying in your beds many years from now, would you be willing to trade all the days from this day to that for one chance, just one chance to come back here and tell our enemies that they may take our lives, but they'll never take our freedom?!

> 如果战斗，你们可能会死。如果逃跑，至少还能多活一会儿。年复一年，直到寿终正寝，你们愿不愿意用这么多苟活的日子，去换一个机会，就一个机会——回到这里，告诉我们的敌人，他们也许能夺走我们的生命，但他们永远夺不走我们的自由?!

这段话最妙的一点就是华莱士用了一个未来的说法：如果有一天你老了，躺在床上，你会不会用那一天来换今天？华莱士这段话之所以能鼓舞那么多人，主要原因就在于他用了未来的情景来激励民众，用可想象的未来获得现在的力量。

这是一个非常好的战略，于是我就开始想如何把这个策略用在泡妞上。我想：如果 10 年后，她能在我身边，每天都能在一起一同分享世界上所有美好的东西，并且一起到世界之巅，那个时候，我是世界上最优秀的，她也是世界上最优秀的，那个图景该多美。

所以第二个星期天，我就邀请她来我的宿舍促膝谈心。事实证明，这个策略是成功的，后来她成了我的妻子。2014 年，我们有了一个孩子。

但是想未来不能想太远，想到 10 年后是可以的，如果你想到 20 年后，或者当你想到有一天你要半夜三更为宝宝换尿布的时华莱士这段话之所以能鼓舞那么多人，主要原因就在于他用了未来的情景来激励民众，用可想象的未来获得现在的力量。

候，大概就不可能有那天的美好了。但无论如何，这是我最重要的一个决定，这个决定彻底改变了我。

未来已在此处，只是分布不均

如果有时间机器让你有机会偷看到 2025 年，你想看什么？[①]

每个人都可能这样想过：如果有机会看一下 10 年后的情景，哪怕是一分钟，那么我就知道现在该干什么了。

对很多人来讲，可能会想看一下 2025 年股市最高值的公司，因为如果你知道 10 年后排第一的股票，那么你现在就有 10 年的时间做局，你就可以什么事都不要干，用所有的钱去买那只未来

① 本文写于 2015 年。——编者注

会成为第一的股票。

对现在还没有女朋友的人来说，他们可能会想看看 10 年后自己的那个女神是谁，然后现在就走到她身边说："别废话了，我们直接在一起吧，因为我看到 10 年后了。"

但悲剧在于，我们根本不可能有这个时间机器。换句话说，根据各种物理学的限制，你看不到未来。那该怎么办呢？

我想说的是，即便你不能突破物理的极限，你也可以利用未来跟世界对赌。

那么，我们现在就来讨论一下未来的公式：2025 年的未来进步 =2025 年当时的现状 = 从现在至 2025 年开始各种成功事件的组合。也就是说，现在开始的成功事件就是对未来 10 年时差的提前套利。

举个例子，如果一个穿越者知道现在所有的成功事件是未来的提前套利和准备，那么，他会进行以下两个步骤：第一，想方设法穿越去未来；第二，准备资本套利。

我们前面已经讨论过步骤一，时间机器还没出现，那么换个思路：有什么方法可以帮助我们接近未来？

爱因斯坦的广义相对论可以帮到我们，它认为：物体质量过大会造成周围的时空弯曲。想一下：如果一个地方的资源足够多，它会不会造成时间的扭曲呢？事实上是可以的，有一句非常著名

2025 年的未来进步 =2025 年当时的现状 = 从现在至 2025 年开始各种成功事件的组合。现在开始的成功事件就是对未来 10 年时差的提前套利。

的话："未来已在此处，只是分布不均。"既然未来已经来了，那么它在哪里呢？

姑且再换个思路：哪个行业或领域更接近未来？答案显然是风险投资。因为风投跟那个未来时的坐标很相近，创新的风投投的就是未来，而且未来的行业前景极大可能就是靠风投驱动的。

2014 年全球风投规模 20 强城市，第一是硅谷，第二是纽约，第三是波士顿，第四是北京。从未来的角度去衡量，硅谷、纽约、波士顿和北京已经成为离时间未来最近的四个点。这个时候，你可能才发现，我们现在所在的这个地方（北京）竟然离未来那么近。

去时间源头，成为学徒，快速成长

既然你已经知道北京是时间源头，你现在就去北京，到了北京南站，放下行李，举目四望，该怎么办？

不是说硅谷的所有人都能成为未来的顶尖人物，也不是说北京的所有人都能享受时间源头效应。那么，怎样才能在时间源头改变这个世界，改变你的命运呢？

我建议大家看一部央视的纪录片《烈日灼人》，它说的是一个外地人到中关村孵化器，想做自己的 App（应用程序），经历了投资，跟合伙人分手，虽然做成了 App，却没有人用，最后失败地离开北京的故事。这个故事说明，你可以去时间源头，但是不一定能改变这个世界。那怎么才可以改变呢？

心理学家米哈里·契克森米哈赖（Mihaly Csikszentmihalyi）写过一本书叫《创造力》，最精彩的是第一章。他说，如果对比创造力或者想象力，也许一个民间科学家甚至比那些专家、博士、教授厉害，但是如果你的想象力不在一个既有学界的边界里，那么你的想象力是没有意义的——创造力不仅仅是想象力，更多的是一个系统工程。

换句话说，你必须要在一个学界的边界里面，在学界的边界里面越深，你越容易改变世界。爱因斯坦用发表论文的方式进入

> 如果你的想象力不在一个既有学界的边界里，那么你的想象力是没有意义的——创造力不仅仅是想象力，更多的是一个系统工程。

了整个体系，当时只有几个人懂，那也没有关系，照样改变了整个世界。但如果是一个民间科学家，即使是网络大V，即使有几百万粉丝，也改变不了世界，因为改变世界的点必须要在学界那个圈子里面。

如果你要做一个伟大的公司，你得熟悉风投，你得熟悉徐小平，或者是美国硅谷的风投公司；如果你要搞脑科学，你得知道安人心智；如果你要做新闻调查，你得去央视，去财新，去《南方人物周刊》或者《人物》杂志。你必须进入已有的学界，而不是幻想要改变一切。所以说，并不是所有聪明都那么重要，有边界的聪明、在恰当位置的聪明才重要。

对于你来说，身处北京南站，不认识徐小平，不在财新，也不在南方报业传媒集团，也没有人投资你，不会说英语，甚至连普通话也说不好，怎么开始？

有一个非常好的理论，叫“合法边缘参与”，也就是成为学徒。学徒其实在各个地方都很常见，比如很多大公司有实习制度，实习就是一种学徒；再比如助教，在整个学术体系中，你可以当教授的助教。有人说我一开始就要做改变世界的工作，我不要做这种打杂的工作，但是合法边缘参与理论告诉我们，只有通过学徒这种方法，你才能从非常低的起点，以最快的速度，进入核心的学界。

我当年曾是个妄人。什么叫妄人呢？就是网上愤青，天天骂人，讽刺人，那叫一个毒啊，现在的90后都没有我当年那么厉害。但后来我加入了《华夏时报》，我想做新闻，就老老实实地跟了我的师父老穆。当时我只会写网文，不会写新闻，于是就用了一个比较中国式的方法：翻译《经济学人》(*Economist*)，我每天翻译一篇经济学人全球动态（Economist Global Agenda），然后稍加改动，发表在网上。我的老师每天都要将我的文字改三分之一。我就这样翻译，然后被领导和师父改，三个月之后，我就出师了。第二年，我成为战地记者，接着下半年，我就去《纽约时报》工作了四年。所以一旦你成为学徒，你的成长速度是非常快的，但是你必须要挑准在主流界做学徒。

你可能会说，学习要带有批判性，如果老师告诉的是错的，那就不要接受，所以你一直在批判质疑。但是我却要给你不同的看法，我认为做学徒的时候，绝对不能批判性学习，而是要绝对

> 只有通过学徒这种方法，你才能从非常低的起点，以最快的速度，进入核心的学界。

盲从。

做学徒，盲从是极为重要的，为什么？假设你都有批判的框架了，那你还学它干吗呢？只有去掉这个框架，你才可能学习，才可能建立新的框架。建立框架包括接受偏见，当你接受偏见到一定程度，拷贝老师到一定程度时，你自然会理解那个偏见产生的原因。

感受同侪压力，被动进步

我前面说过，这个世界地理分布是不均衡的，有些地方离专业更近，例如哈佛大学的脑科学专业；有些地方离未来更近，例如波士顿。有人说互联网已经改变了这一切，你可以通过公开课学到很多知识，打破距离的限制。但是我想说的是，网络公开课到底有没有改变地理分配不均的情况？它跟哈佛大学、麻省理工学院或者斯坦福大学的线下课程有什么区别？为什么有了互联网，你还是要去时间源头呢？

原因很简单：同侪压力。我们自己是掐不死自己的，不信你试一试，但是如果是情敌或者是学术敌人，他肯定可以掐死你。

老穆告诉我一个非常好玩的事情：你来到北京的第一个 5 年，你就认识了你这一辈子所有的敌人和所有的朋友。为什么？因为北京是个资源高度集中的地方，没有什么人是突然出现的，所以在这 5 年里，你未来的所有竞争者、所有的联盟者，你全部遇到了。譬如说今天，如果你想要在脑科学领域做的话，你会发现在安人心智社群内已经聚集了你未来 80% 的朋友和敌人，这种资源集聚产生的效应就叫同侪压力。

同侪压力是什么？同侪压力就是如果我不熬夜把这东西搞定，我就会一辈子受这帮学霸的耻笑。同侪竞争不是课堂结束就结束了，不会的，每年的同学聚会，或者微信群里，都有人在炫耀：某某又拿到奖学金，某某又拿到投资，某某的公司又上市了……我们一辈子都在同侪压力中，抬不起头来。

如果我们在年轻时，非常幸运地选择了一个群体，这个群体已经汇集了全球最优秀的人，那么这种同侪压力会造成一种效果：被动进步。如果你每天都要提醒自己要振作，每天都有个待办事

> 如果我们在年轻时，非常幸运地选择了一个群体，这个群体已经汇集了全球最优秀的人，那么这种同侪压力会造成一种效果：被动进步。

项清单，那是非常累的。我常开玩笑说，最好的进步就是我躺在那儿，天天睡觉，或是很庸俗地上班下班，10 年之后我硕果累累。

怎么才能达到这种躺着也能进步的效果呢？很简单，你必须把自己放在充满同侪压力的环境之中。如果你完全是在一个非常偏远的学术边疆，你就要每天早晨给自己“打鸡血”激励自己；但如果你在学术的中心，例如北京、波士顿或者硅谷，你身处的环境会自动让你进步。

你需要有颗勇敢的心

再回到开头我与长腿女生的故事。事实证明，我的选择非常非常聪明。那一天我选择了长腿女生，后来我们的命运就一直联系在一起，我选择做 IT，到了北京，然后成了战地记者，接着一起去了哈佛大学。

最后我想说的是，现在的你往往想要赚钱，想要找到另一半，想要在事业上成功，又想要排除自己童年的阴影，但在很多的时候，你只能做好一件事情。那么这件事情应该是什么呢？我的建议：你要有一颗勇敢的心。要敢于想未来，无论是 10 年后跟一个漂亮的长腿女生在一起，还是成为纳斯达克最牛的公司，还是成为学界最好的领袖，抑或是在政界有所发展，你都一定要有一颗勇敢的心。虽然华莱士的梦想失败了，苏格兰到现在也没有独立，但是整个苏格兰全是他的传说。

我希望你们，因为有了勇敢的心，而成为我们这个时代的传说。

荐 书

1.《原则》(*Principles: Life and Work*)

瑞·达利欧著，刘波、綦相译，中信出版社，2018。

《原则》这本书是人走向个人系统理性的操作圣经，并且上升到个人信仰的程度。按照试错原理制定的有原则的人生，最大的益处不是成功，而是能轻易建立这个开放世界对你的底层信任。

2.《反脆弱》(*Antifragile: Things That Gain from Disorder*)

纳西姆·尼古拉斯·塔勒布著，雨珂译，中信出版社，2014。

《原则》一书读了过火后，请读清醒药《反脆弱》。作者说，这个世界其实没什么规律，“黑天鹅”随时可能来，在你绘制原则人生大好蓝图的时候，请给自己怀疑的时间，问下自己，如果这一切突然倒塌，你有什么反败为胜的 B 计划？

3.《上瘾》(*Hooked: How to Build Habit-Forming Products*)

尼尔·埃亚尔、瑞安·胡佛著，钟莉婷、杨晓红译，中信出版社，2017。

有了原则和 B 计划以后怎么发展？《上瘾》这本书虽然是介绍产品设计如何让用户上瘾，但也揭示了一个秘密。在这个亿万人都享有机会的时代，任何事业不真正热爱到上瘾，就不值得追求，因为上瘾能创造的增长效果像病毒一样，让任何一般勤奋黯然失色。

第二讲

宇宙与人的意义

每次仰望星空，目睹浩瀚宇宙，你心底可能都会冒出一个问题：在宇宙面前，人类如此平凡渺小，无论人类如何改变、进步，宇宙只按自己的规律运行，那么，人的存在还有意义吗？

天体物理专业的郝景芳一直在思考这个问题。她尝试从科学的角度解答宇宙与人的意义：从简简单单的一个苹果开始，教你如何区分事实和观念，接着抽丝剥茧，深入到分子、原子构成，甚至再抽象到量子物理学的物质波层面，让你发现，你对苹果的所有认识和判断，其实都属于感觉性质。

人与宇宙关系正是如此，物质波宇宙经过人类感官才能在我们面前呈现出一套宇宙图景。正是由于人的存在，经由人的观察和思辨，宇宙得以“呈现”，物质波得以显形。

郝景芳

1984 年生，小说作家，现任中国发展研究基金会项目主任。2002 年进入清华大学物理系学习，2013 年获得清华大学经济学博士学位。在 2016 年第 74 届世界科幻大会上，凭短篇小说《北京折叠》获最佳中短篇小说奖。曾出版《人之彼岸》《流浪苍穹》《生于一九八四》《去远方》《孤独深处》等书籍。创立儿童通识教育项目“童行计划”。

区分事实和观念

我们这个宇宙非常大、非常大、非常大，有好多、好多、好多星星。我们人本身非常小、非常小、非常小。这么渺小的人居住在这么庞大的宇宙中，有什么意义呢？可能像朝生暮死的虫子一样，是没有意义的。

但是这个答案其实并不太能够让我们满意。如果跟宇宙比起来，生命是没有意义的，那我们作为人本身，自我就无处安放了。

所以这一直是我思考的人生的大问题，也是我一直绕不开的一个母题。

我们先从一个思维训练开始，看看如何区分事实和观念。

什么是事实，什么是观念？一般认为，客观的、科学的东西是事实，主观的、感觉的是观念。这个很好理解，在我们的日常沟通中，做这样的区分很有用。但关键的问题是，很多东西我们真的很难区分它到底是事实还是观念。奶酪是牛奶做的，这是事实。我很喜欢吃奶酪，这是观念。这些很好区分。但是还有一些东西不好区分，比如这个人长得很丑，这是事实还是观念？是真的有一个客观的性质叫作“丑”，还是“丑”只是我们的一种感觉呢？另外还有一些东西就更加不好区分了，比如有人说所有男人都喜欢年轻的女生。这是事实还是观念？可能在统计上认为它有一定的事实性，但是其实它也是一种观念。

物理学家是什么人呢？物理学家孜孜不倦地研究，就是试图对事物的属性区分什么是事实、什么是观念。当然，很多时候我们会把它称为物理性质与感官性质的区分。举个例子，面对一个苹果，在苹果的性质中，红的、大的、圆的、好的、硬的、香的、甜的、静止的、贵的、漂亮的、脆的，哪些是事实，哪些是观念？或者说哪些是物理性质，是客观的、科学的性质，哪些是我们的感觉性质，是人的主观性质呢？

对于事物，哪些是“事实”，哪些是“观念”？

我们首先把好的、漂亮的价值判断归入感觉范畴，这些是人类的感觉判断。

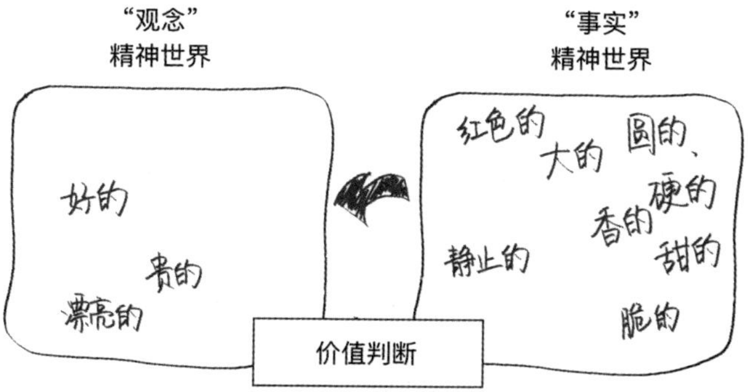

物理发展就是不断把“事实”归入“观念”的过程

接下来，科学家再去做研究，从物理到化学，再到更深一步的研究，结论是“香的”“甜的”这些性质其实是人的感觉。我们看苹果的物质组成成分，没有说这个分子跟那个分子的差别是由于化学性质具备香和甜这些特性，而是等到这个分子进入人的感官系统，我们才产生了香和甜的感觉。物质本身、原子分子的性质本身并没有什么差别，香或者不香，只是人的感觉性质，并不是真的客观性质。

再看其他项，红色是物理性质吗？它是真正的客观的科学性质吗？还是我们的感觉性质呢？我们后来发现，红色表示了反射光的频率，但这并不是真的频率，而是我们人对感光细胞很复杂的建构。人感觉到的色泽跟光的实际性质本身还有很大的区别。但是不管怎么说，红的，甚至包括脆的、大的，这样的很多感觉都是介于物理事实和感觉性质之间的。

物理学家在之前几百年做的事情，就是把我们刚刚所说的所有性质几乎都用原子、分子的模型来描述。剩下的几个性质，本质上都可以用原子的位置、排布、速度来描述。比如我们认为“圆的”是原子排列的位置性质，“静止的”是跟原子速度相关的性质，“硬的”是跟密度相关的性质。

所以，似乎我们说的这些物理性质都变成了人类的感觉性质，只剩下原子的位置、排布、速度这样一些算是客观的物理性质。

人是宇宙的观赏者

这样分析，科学家似乎感到满意了吧？并不满意。在原子、分子模型以后，科学家进一步探索的时候，遇到了问题。更深层的问题性质需要用量子力学描述。

量子力学发现，连我们刚才说的最后剩下的东西——原子及分子的位置、排布和速度，依然是我们的感觉性质，依然依赖于我们的观测。我们观测的时候它呈现出一个位置，再观测的时候它又呈现出另外一个位置，而这些在人的感官系统里面才会呈现。

这是什么意思呢？我们原来提到量子力学的不确定性，总觉得是说有人观察时发现这里有一个原子，我们一观察就把它改变了。其实不是这样的，原子的小球模型依然是我们的想象，真正的物质是什么样子的我们完全不知道。

我们现在认为，物质的真正成分是物质波。那物质波是什么样子？完全不知道。尽所有可能去想象，我们也不知道。它并不是像原子的小球形，我们根本不知道它是什么形。但我们知道的是，这一次观察它在这里，下一次观察它在那里，这一次观察它的速度是这样，下一次观察它的速度是那样。这是为什么？因为连位置、动量这样的性质，依然是我们的感觉性质。有人会说那些是仪器探测的结果，但实际上，仪器也是人类感官的延伸，没有本质不同，原理上也是用我们的感官接受的方式让波函数显形。

这就造成了一个结果：我们之前列出的所谓物理性质的集合已经空了，我们把之前想到的所有性质都挪到了感觉世界中。这意味着，我们看到的物体就是感觉世界的物体，它所有的性质都是感觉世界的性质。

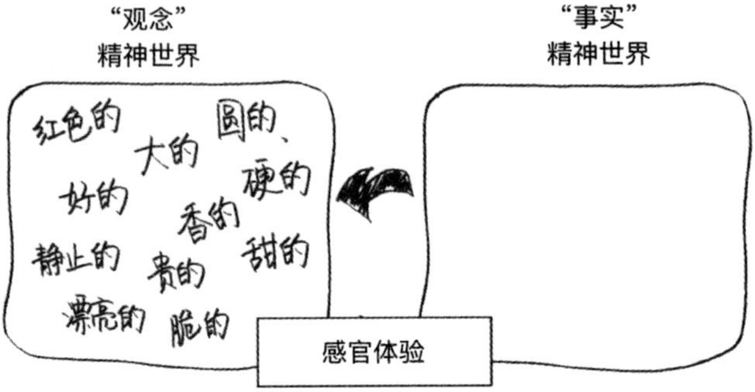

量子力学的困惑：物质波

有人会问，这样一来，物理学家的宇宙难道是没有形状、没有速度、没有声音、没有颜色、没有味道、没有感觉的？大象无形，大音希声。

那你能不能描述一下物质波的形态？其实，我们所有的描述都是人类的表象世界。物质波按照薛定谔方程来演化，我们把它的样子叫作"塌缩"，其实这个词用"呈现"可能更合适。这就是说，我们的任何探测，都是让它在一个表象中呈现出来，但这个呈现有很多的不确定性。

这是一个非常奇特的过程。下图左边的 cos 函数，是物质波的一个符号表现。它经过人类的神经系统，我们用身体、眼睛等感官去感觉，然后大脑经过情绪、情感、理智的层层处理，最后在我们面前构建出了这样的图景。

我们看到的物体就是感觉世界的物体，
它所有的性质都是感觉世界的性质。
我们所有的描述，都是人类的表象
世界。

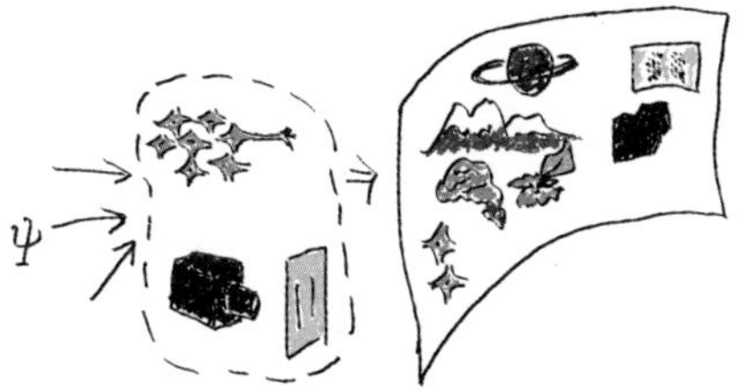

那仪器有什么不一样？科学仪器总比人类的感官要靠谱吧？其实不是的，科学仪器只是人类感官的延伸，科学仪器的实践原理其实跟我们人类的感官系统并没有本质区别，电子仍然要通过双缝实验在一个屏幕上呈现出来，这跟我们人类用眼睛去看这个东西没有本质的区别。

我们就处在这样一个无形的波函数世界，波函数宇宙经过人类感官系统之后，在我们面前呈现出一套宇宙图景，这个图景就是我们的意识世界，就是我们的感官世界。

如果说真相分成“真”和“相”的话，那么这个“真宇宙”

> 波函数宇宙经过人类感官系统之后，在我们面前呈现出一套宇宙图景，这个图景就是我们的意识世界，就是我们的感官世界。

就是以波函数形式存在，我们居住的宇宙就是“相宇宙”，我们看到的一切都是它的表象的呈现。

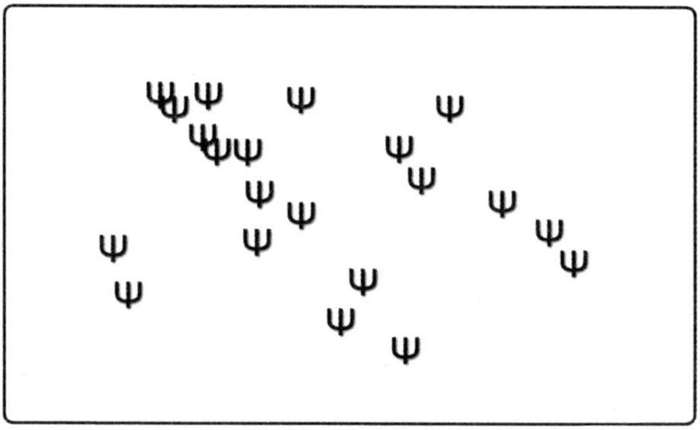

物理宇宙

我们可以更直接地来看，在物理学家眼中，宇宙就是有很多粒子的波函数。但我们人类看到的宇宙是这样的：鸟语花香、风和日丽。这样的图景是我们通过身心能感受到的，这其中还加入了情感投入，看到美丽的天气、阳光，我们还会感到愉悦。

再比如，物理学家的宇宙是波函数、波函数、波函数……什么性质也没有。而我们人类看到的宇宙是璀璨星河，是哈勃望远镜探测出来的宇宙的壮阔图景。

但是，我们所能看到的样子其实都是我们感官世界的体验。这带来什么推论呢？人类的意识世界、精神世界就是我们建立的这样一幅宇宙图景。如果宇宙由意识建立，那么人类的意识在什么地方？我们去哪儿寻找我们的意识世界？在大脑里面还是在哪儿？

其实，我们不用到外面寻找，眼前看到的一切，包括我的影像在你眼中，你的影像在我眼中，就是我们的意识世界，我们就生活在我们的感官世界当中。我们寻找的其实不是意识世界，而是真实的宇宙世界，真实的客观世界反而是我们看不到的。我们生活的世界就是我们的意识世界，这个意识世界本身就是虚拟现实的建构。我们每个人本身就是最大的虚拟现实建构者，从一个波函数宇宙中建构出了表象宇宙。

所以在这样的宇宙图景中，宇宙本身是无形的，是我们让宇宙显形，我们是宇宙的观赏者。

从我个人的角度来看，我觉得这赋予人的意义非常重大。这就好比西方宗教里说神创造人，是为了什么呢？因为神想让人来彰显自己的荣耀。宇宙创造出了人，作为这样一种智慧生物，我

> 宇宙本身是无形的，是我们让宇宙显形。我们是宇宙的观赏者。这就是我们人的意义。

们人能感知宇宙，并且用我们身体的所有感官，再加上科学仪器，让这个宇宙成形并显形出来，让它成为三位一体的、色香味俱全的宇宙。这就是我们人的意义，我们是宇宙的观赏者。

科学和艺术都在寻求“真宇宙”

人是宇宙的观赏者，借由这种对宇宙的理解，我们能够打通艺术与科学这两种呈现方式。

我们往往觉得，科学是观察真的宇宙的学科，研究的是客观事物，而艺术是主观的，来自人的感觉和想象。下图左边的苹果是科学的，右边画的苹果是一个扭曲的艺术呈现，它跟真实的不太一样。但其实，如果你相信，真正波函数的苹果是我们看不到的，左边的苹果也是感官世界的苹果，连摸到的、闻到的、吃到的苹果也都是意识世界的苹果。你会发现，其实科学和艺术本身都是对于背后那个“真宇宙”的一种描述和探索。

科学与艺术：对“真”的两种呈现，都是“相”

科学是我们更加直接地去看这个宇宙呈现出来的样子，艺术是我们去观察并带着情感去表现它。所以我们对“真”的观察、描述和呈现，一方面体现为科学，另一方面体现为艺术，它们本身都是“相”。二者用的方式不一样，但背后隐含的都是对那个“真”的关心。其实科学和艺术没有那么大的区别，我们都生活在这样的表象世界中。

所以，求真与求美也是可以统一起来的，我们注视这个苹果，注视万事万物，这就是科学，这是第一层美。然后，我们以人类的手法去表现万事万物，这是意识，是第二层美。

我们有的时候会不知道怎么去产生情感联结，其实我觉得，

> 如果真想分成“真”和“相”的话，科学和艺术本身都是对背后那个“真宇宙”的一种观察、描述和呈现，它们本身都是“相”。

如果能够认识到周围的整个世界都是我们的意识世界，如果能够真正仔细地去注视周围所有的一切，我们就能体会到其中蕴含的真实情感。我们去注视这个苹果，注视这个苹果本身的感觉，情感就会产生。

每一个人其实都生活在自己的宇宙图景中，生活在自己建构出来的意识世界中，其他人在自己的意识世界中也仍然都是影像。这个时候，与其他人的沟通和交流，就会变成不同艺术空间之间的交流。在这个过程中，你越是认真注视其他人，越是看到其他人，就越能够直接感觉到其中的情感。这个东西其实并不神秘，和理智也并不矛盾，这是一个我们只需要清晰明示的东西，所以，艺术在很大程度上是在我们形容世界的过程中，帮我们把虚拟现实的世界更好地表现出来。

> 艺术很大程度上是在我们形容世界的过程中，帮我们把虚拟现实的世界更好地表现出来。

感官如何建构宇宙?

如果我们看到的宇宙图景是这样的一个表象，那么我最关心的就是，如何从我们的感官机制生成这样的表象。

在物理空间我们会涉及仪器让波函数显形的问题，包括我们观测人体、观测脑科学、看到的电子实验等等，其实都是用某种仪器的原理让这个波函数显形。神经科学研究的是我们在大脑里真正发生的机制，它到底是怎样让一个无形宇宙显形成三维立体的各种各样感官的宇宙的？我们如何感知其他人的存在？其他人的存在如何在我们的感官系统和世界图景中显现出来？这些其实是我最关心的问题。

所以我对于美与好奇的感觉就是，当我们真正凝视周围的事物时，会发现周围的每一件事物都是美的，一把椅子的美和一个山水的美其实不相上下，它们并没有性质上的不同，都是宇宙感周围的每一件事物都是美的，一把椅子的美和一个山水的美并没有性质上的不同，都是宇宙感官系统的呈现。

官系统的呈现。而我们关心这幅图景背后的“真宇宙”，这就是好奇。我们永远想要探知到底是什么样的机制，能够生成我们这样的宇宙图景。比如，人类生活在表象宇宙中这样一个理念，其实历代伟大的唯心主义科学家也都是这样说的。再比如柏拉图的洞穴上的人影，比如佛教里面的世界观。

现代科学也认为，我们可以用数学模型去想象、建构那个背后的真宇宙。所以爱因斯坦说，宇宙最难以理解的地方就是它是可以理解的。

即使量子力学的一套讲法是我们目前所接受的，即使我们现在认为人类生活的宇宙就是表象宇宙，我们仍然可以通过建模，去试图猜测并打造背后的“真宇宙”，并且试图去理解人类的意识、人类的精神是如何建构起这套虚拟现实的世界的。

我现在的一大兴趣就是观察小孩子是如何感知这个世界的。人的情感自然就存在，但在大人身上可能已经出现不同种扭曲，并不能够真正反映人们对这个世界的真正感受，可是在小孩子身上会有很多的体现。人是如何在跟周围世界的互动中建构出自己的世界图景的，是我觉得最有意思的话题，也是到目前为止我的各种探索、努力和写作都绕不开的一个母题。

荐　书

1.《风沙星辰》(*Terre des Hommes*)

安东尼·德·圣埃克苏佩里著，梅思繁译，湖南文艺出版社，2012。

圣埃克苏佩里也是《小王子》的作者。《风沙星辰》这本书其实讲的是作者自己的个人经历，他做飞行员的时候，在非洲遇到的一些事情，还有他的人生感悟。我是在大学期间读到这本书的。它几乎把我带到了另外一个世界，让我能够像在高空中俯瞰地球，从高空中俯瞰每个人的生活，也有一种从远方旅行之后回归的感觉。

2.《西西弗斯的神话》(*The Myth of Sisyphus*)

阿尔贝·加缪著，杜小真译，广西师范大学出版社，2003。

这本书也我是在大学期间读到的，它影响了我人生观的形成。

最初我不懂荒谬的意义，但是一旦我开始真切领会到人生的荒谬性，才真正理解加缪说的“世界是我们最初与最后的爱”，这是在荒谬而无意义的人世间为自己寻找意义。

3.《生命是什么》（*What is Life*）

埃尔温·薛定谔，湖南科学技术出版社，2007

薛定谔三十几岁发表了著名的薛定谔方程，他写的一本小册子《生命是什么》直接影响到克里克发现DNA（脱氧核糖核酸）。他对古典哲学和古印度哲学有深入研究。他懂六国语言，业余时间喜欢写诗，喜欢雕塑，喜欢和生物学家友人一起散步，讨论生命哲学。他低调、内敛、思辨，对经历的“二战”磨难讲得云淡风轻。他就是我最想成为的那类人：洞悉世界，洗尽铅华。

第三讲

用时间来思考

你的梦想是什么？未来10年，你要实现什么目标？面对这个提问，很多人可能要停顿很久才能开口。安猪也是，不过在他停顿的时间里，他思考的不仅仅是答案，更是自己经营“多背一公斤”项目十几年来求解的过程。

他说，虽然人生会遇到很多不同问题，但是真正能够影响你的是极少数几个大问题，抓住了这极少数几个大问题，你的人生自然就豁然开朗。

安猪

爱聚公益创新机构创始人，“多背一公斤”活动发起人，中国社会创新领域领军人物，多家公益媒体的特约撰稿人，中国青少年发展基金会创绿中心机构理事。

未来10年你的目标是什么?

有一个问题对我来说很重要，它改变了我对未来的思考方法。这个问题就是：未来10年，你个人或你所在组织的发展目标是什么?

大家可以用这个问题问问自己，答案没有那么重要。当接到这个问题时，其实我的第一反应并不是思考怎么回答这个问题本身，我思考的是，过去10年我是怎么思考未来的。我希望从这个过程中能看到自己的一些思维模式，这个思维模式会比获得一个结果更加重要。所以我重新回到过去，回顾当年我是怎样设置个人目标的。

2004年，我发起了“多背一公斤”活动，这是一个面向背包客的公益活动。如果你经常去乡村或偏远地区徒步，比如云南、贵州或者西藏，你可能会经过很多乡村学校，它们通常比较贫困，缺乏老师资源和硬件设施。当我意识到这个问题后，就想到一个办法——鼓励每个背包客在经过乡村时在背包里多放一些图书、文具，把这些简单的物资交给乡村老师。

在 2004 年发起这个活动时，我还在北京的一家公司里上班，是个标准的白领。当有了“多背一公斤”这个主意之后，如何把想法变成行动呢？于是，我开始设定目标，设想未来三年这个想法能够到达什么层面。

当时的我实际上对公益没有什么了解，没有参与过公益组织举办的正式活动，也没有在公益机构里正式工作过，所以当时我很谦卑地设定了一个目标——希望三年后能影响到 5 万乡村学校的学生。这个目标其实挺宏大，意味着要从 0 起步，覆盖到整整 100 所学校。

大概两三年之后，“多背一公斤”意外得到了许多旅行者的欢迎，大家都希望在旅行途中顺带找一些有意义的事情做。慢慢地，有越来越多的志愿者和旅游者加入这个活动倡议中。于是，在 2006 年我正式做了决定，从原来的公司辞职来全职运营这个项目。那个时候我想，既然我兼职时就已经能做成这么多事情，那么之后可以做得更好。于是，我又重新定了一个目标，这时候我的目标就大得多了，不是 5 万，而是要影响 100 万名乡村学生。

接下来项目继续推进，效果好像还不错，越来越多的人认识了我，也开始有了媒体报道，甚至有一些品牌商找到我拍广告。

那个时候我觉得自己有挺大的影响力，在雄心的驱动下，我开始设定更大的目标，希望自己的组织能影响1000万个孩子。

空间扩散与时间影响力

在做公益的这几年里，我的目标从影响5万个孩子到100万，再到1000万，看起来是一个很正常的思维方式。但是，过了这么多年之后，站在稍微有点儿距离的地方回头看，我发现这种思维逻辑遵循的是空间模式。

所谓空间模式，就是像麦当劳开店一样，今年开了100家快餐店，明年开200家，后年开300家；今年覆盖5个省，明年覆盖10个省，后年覆盖15个省。空间模式关注的是我们能够覆盖多大的地理范围、影响到多少人等等这样的问题。但是，有没有另外一种不同的思维方式呢？这是我提出的一个有趣的问题。

既然有空间模式，那就应该存在另外一种对应——时间模式。时间模式思考的是我做的东西能够延续多久。举两个例子。有两个唐代的人，一个是权倾天下的皇帝，影响整个帝国，另一个是他的臣民，一个普通的官员，只在平时写写诗。当时理所当然是皇帝具有更高地位和影响，但1000多年之后，这两个人的影响力

> 空间思考模式强调的是覆盖多大的地理范围、影响到多少人等问题；时间思考模式考虑的是，我做的东西能够延续多久。

在现代人眼中有非常大的区别。

这个皇帝叫李隆基，也就是唐玄宗。对他的事迹我们只知道有限的几个故事，例如安史之乱，例如杨贵妃。这是唐玄宗留给我们的东西。而这个诗人叫白居易，他有许多诗作流传下来。也幸亏有了白居易，才有了“在天愿作比翼鸟，在地愿为连理枝。天长地久有时尽，此恨绵绵无绝期”，我们得以在诗里理解唐玄宗的故事。一个诗人在当时没有什么大的影响力，但随着时间的推移，他的诗句在今天还是能感动我们，我相信这就是时间的力量。

再看跟我们时代比较接近的两个人，他们都是同一时代的诗人，更具有可比性。他们都在 1984 年公开发表自己的第一篇诗作，但之后的命运完全不同。一位的诗集卖得非常好，销量超过 100 万册，这在 20 世纪八九十年代的中国是一个庞大的数字，今天都很难想象。而另一位比较惨，他死的时候连一本诗集都没有卖出，甚至都没能出版。

第一位诗人叫汪国真，大家应该知道这个名字，但现在读他的诗作的人可能不太多了。第二位诗人叫海子，他生前潦倒，没有出版过一本诗集，因为抑郁和绝望而卧轨自杀。但是，今天有很多人在读他的诗，为他的诗作而感动，几乎所有人都知道海子的这句诗："我有一所房子，面朝大海，春暖花开。"

虽然我们更熟悉空间模式，希望自己的事业能做得更大、更多，但我们同样可以去尝试另外一种思维，在我们思考未来的时候，去尝试做一些能够流传更久的事情。很难说哪种更好、哪种更差，但如果能掌握不同的思维，会让我们的世界变得更加开阔。

举个例子，一说到微信公众号文章，大家下意识想到的可能是哪一篇刷爆了朋友圈，哪一篇阅读量达到了 10 万 +，这是新媒体时代的关注点，也是很多人目前运营公众号的动机。但是，我们可以用另外一种模式来思考写作这件事。在写每篇文章之前，都问自己一个问题：为什么要写这篇文章？

这个问题很难回答。对我来说，其实我很难判断自己的想法是不是真的有写下来的价值。但这样的思考，至少带给我两个好处，第一个好处是：我少写了很多篇文章。我经常会有写作的冲动，但是当缓了一会儿，反省这个冲动之后，会发现这些冲动有时候只是无病呻吟。有时候我们只是试图去解释一些已经存在的观念、理论和事物，而把这些写出来其实并不能产生新的价值，因此，我可以把原本打算用于写作的时间留作他用，比如去看很多书，去做更多远离人群的思考。

第二个好处是它能够改变我对文章内容的定义。当开始思考这篇文章三五年之后是不是还有人看时，很自然你就不会再用太多网络热词，这就慢慢提高了你审美的品位。

文学家木心年轻的时候写作能力非常好，14 岁时就开始写诗，然后频繁去投稿，希望获得人们的认可。投了五六次稿之后，突然有件事改变了他的行为。有一次他卜签时抽到一首诗："小鸟欲高飞，虽飞亦不远，非关气力微，毛羽未丰满。"木心是个天才，看到这首诗之后恍然大悟，说原来老天在挖苦我，我现在还没有这个才力和才气写出一些有价值的作品，所以老天用这首诗来提醒我。于是他不再急着去投稿，转而花更多精力去念书，去做更多的积累。

如何找到你的人生梦想?

回到一开始的问题，我的梦想是什么？经过这样的思考之后，我发现自己的答案是，做出一些 20 年后还能稍微用得着的产品。

> 找到未来的梦想，一个方法是，专注未来 10 年不变的事物，另一个方法是问出大问题。

这是一个比影响到多少所学校和多少万名学生更难的目标。要找到在 20 年中都有持续生命力的东西，我们应该怎样努力靠近这个目标呢？

第一个方法来自亚马逊的创始人杰夫·贝佐斯——专注未来 10 年不变的事物。他的思维方式跟我们常规的思维方式不一样，甚至是相反的。当想到创业，我们总是喜欢讨论未来科技、人口趋势、消费习惯怎么变化等等，然后根据变化去预判趋势，根据趋势来做准备。但贝佐斯说，亚马逊只需要关注一件事——人们永远喜欢买到便宜的东西，喜欢有选择空间，喜欢东西能最快速地送到自己手上。基于人性中这些永远不变的事物，亚马逊来构建企业的战略，这种战略会更有持续性。

另外一个找梦想的方法，是问出大问题。这个灵感来自爱因斯坦。爱因斯坦最厉害的地方就是他能够提出大问题：如果我们以光的速度和光一起旅行，会发生什么？这个问题带来的结果是，

> 只有去考虑更长期的大问题，你的思考才会穿越时间的限制，才有可能到达 20 年之后。

他发现了相对论。

再看另一个人甘地，他面临什么样的大问题？当时在英国的统治下，印度人民手无寸铁，那怎么才能获得应有的权利和尊重呢？对于这个大问题，甘地的回答是“非暴力不合作”。他发起了一场社会运动，最后带领印度人民走向了独立。

这些大问题有着什么样的特点？它们往往是困难甚至极端的。在极端假设中，才能有真正有价值的发现，而这种极端问题导致一些延伸问题，让我们在更深层面去思考这个问题的解决方案。因为我们往往只看到表层，看到的可能只是一些行为、习惯和现象，只有再往深处走，我们才能意识到整个社会关系和结构的问题。当我们往深层次走，去思考这些问题的本质时，我们的行动方案和最终结果就会有更长期的价值。

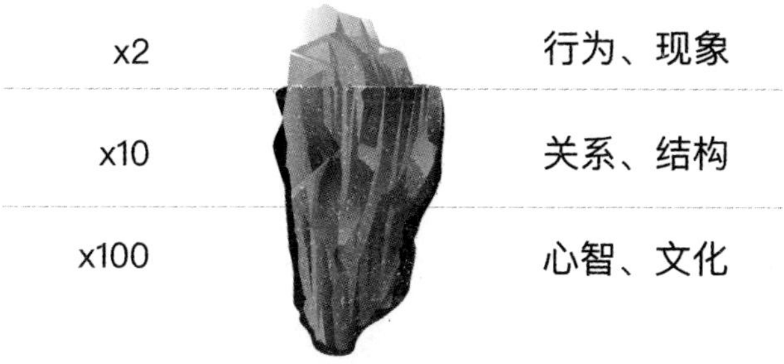

问题改变思考层面

你人生的大问题是什么？

这样思考之后，我也找到了自己的大问题——如何让孩子学习和体验到今天 100 倍的知识？只有去考虑更长期的大问题，你的思考才会穿越时间的限制，才有可能到达 20 年之后。而这种大问题也让我从更深层次去理解，教育可以在什么程度、在哪些层面做一些创新和变革。这些思考，能够指引我去做一些具有长期价值的事情。

最后，我还发现一点，虽然我们一生中会遇到很多不同的问题，但是真正能够影响我们的是极少数几个大问题。在我六七岁的时候，有一些大问题就从我的头脑中跳出来，我突然开始感兴趣宇宙有没有尽头。于是我去找自己能够找到的所有天文学图书去看，我爬上屋顶去辨识每一个星座。虽然很遗憾我后来没有成为一个物理学家或者科幻小说家，但这些问题还是我非常大的兴趣爱好。

大概是我十四五岁读初中的时候，我开始思考另外一个大问题：生命的意义到底是什么，人为什么要活着？这个问题一直伴随着我，从少年时代到青年时代，直到现在。我尝试用很多方法去回应这种困扰，包括阅读、写作、做各种各样的尝试，比如创业、教育等等，很遗憾到现在也还没有完全解决这个问题。我感觉它就像一个生命主题，我拼命地去摆脱它，但是始终挥之不去。

但是，除了痛苦和疑惑，我很感谢有这样的大问题存在，特别是它对我造成的困扰。正是因为有这样的困扰，才让我的生命没有陷于琐碎，才让我去思考更深、更远的东西，才让我能够更开放地面对这个世界。也是生命中的大问题，让我能够面对三四岁的小孩子，和他们始终保持一种连接。正是这些大问题，带给我生命的滋养。所以最后，我也给大家提一个问题：你的大问题是什么？

荐　书

1.《真实世界的脉络》(*The Fabric of Reality:The Science of Parallel Universes and Its Implications*)

戴维·多伊奇著，梁焰、黄雄译，广西师范大学出版社，2002。

为探索理解这个世界的万有之理提供了一个框架，让我们在知识爆炸的时代找到一个稳固的根基。

2.《论对话》(*On Dialogue*)

戴维·伯姆著，王松涛译，教育科学出版社，2004。

重新定义了沟通是什么。沟通不是灌输或说服，而是共同探索世界的真相。

3.《与运气竞争》（*Competing Against Luck*）

克莱顿·克里斯坦森、泰迪·霍尔、凯伦·迪伦、戴维·S. 邓肯著，靳婷婷译，中信出版社，2018。

从本质上理解用户和产品，用户购买产品是为了实现自己的进步。

第四讲

城市演化与人生设计

选择一座城，离开一座城；住进一座城，爱上一座城……我们创造了城市，城市也改变了我们。为了切身感受中国城市的巨大变迁，陈虎平离开书斋，用脚步追赶时间。出走半生，热情不减，单纯有力，犹如少年。

本讲中，陈虎平以自己用脚步丈量城市的故事为例，探讨分享关于城市和人生的大问题：城市飞速发展背后的推动力是什么？未来哪些城市更有发展潜力？青年们应在何处安居，去哪里乐业？

如果你也有这些疑问，就一起来看看他亲身实践得出的答案吧。

陈虎平

香港中文大学哲学博士，新东方前GRE阅读名师，著有《打破自我的标签》等。

游荡精神世界与具身认知世界

在过去的人生中，我大多数的时间都在读书。我在武汉读了大学，然后来到北京工作，之后又去香港读了博士。所以在过去的十多年里，我应该可以称得上是一名学者，而且是研究哲学的学者。由于这么多年我一直在精神世界里游荡，所以对人间世界的一些事已经不太了解。我对武汉、香港和北京这三个城市有一些看法和想法，但都不是很深入。

这种情况一直延续到 2012 年，当时我发现中国的工业和经济正在如火如荼地发展，而我在课堂上，和这些东西之间始终有着一层隔膜。因为我喜欢读书，所以为了跨越这层隔膜我读了很多相关的书籍，但是读得越多，越发现读书得到的资料总不如亲身感受来得真实和准确，所以那年我就决定走出书斋，重返人间世界去深入认识一下。这在认知科学里叫具身认知，就是我要深入到一线，去现场。

于是2012年我首先去了中国经济最发达的地方——长三角，尤其是上海。上海我已经去过很多次了，但更多是在城区，所以那一次我非常细致地到了市区周边、乡镇的各种企业里面去看。看完之后我发现，上海是中国工业和商业经济最发达的地方，现在是，将来也还会是。上海及其周边一带，绝对会超越纽约、东京，发展成人类有史以来最繁盛的工商业中心。看完长三角后，我又去了珠三角，因为这是中国最重要的制造中心之一。这一年的出行对我的触动很大。

我最终彻底离开北京是在2015年，那一年我去了重庆。我七八年前去过一次重庆，那时的重庆还多是非常低矮的房子，持有这种印象的我2015年再去看的时候完全被它巨大的变化震撼到了。没有去过重庆你很难想象，虽然它是山城，但是高楼大厦、摩天大楼等建筑仅次于上海，到处都是非常立体化的交通设施。

在北京的时候我一直住在五道口附近，每天的生活都是在重复，而且北京的城市建设其实远远不及南方一些城市。所以到了重庆之后，我才恍然大悟，中国居然已经发生了这么大的变化。我在重庆待了大半年，跑遍了那里几乎所有的区，看了很多工厂，后来又去了成都。在具身认知城市的过程中，我发现中国城市化、工业化的进程，正从传统的长三角、珠三角和京津冀地区向内陆转移。

市井变迁：产业驱动的城市演化

我们中国有五个大的城市群。20 世纪 70 年代末，改革开放开始发展的主要是深圳、广州；90 年代开发浦东，那时上海、长三角发展起来了；2001 年北京申奥成功，极大地推动了北京的建设，也带动了京津冀地区的发展。京津冀这片原本叫环渤海，但是其他地方并未按预期发展，所以最终得名京津冀，当然，现在又加上了雄安，所以将来会变成京津雄。2008 年金融危机之后我们的发展中心转移到长江中游，主要以武汉、长沙、重庆、成都为主。这五大城市群，是国家级的，是我们中国未来发展的重点，而我在这五个地方都生活过了。

一般人观察城市，要么是研究理论或宏观数据，要么就是听一些大 V 在那里讲“京楼永流传，内环永远涨”（此处内环是指上海内环）。这么说的人很多，所以年轻的朋友听了之后，就会想：我一定要在北上深待一辈子，这里才是展现智慧和能力的地方，如果想要证明自己，就一定要待在北上深。但其实中国将来不会只有北上深。你可以站在 60 后、70 后这一代人的角度去想一想，他们那时的深圳、上海和北京其实也不怎么样，所以他们中间很多优秀的同学去了美国。当然现在那些去美国的人很多都傻了眼，因为他们即便把美国的房子卖了，也买不起北上深的房子。同样，将来的武汉、成都、重庆，或者其他新一线城市的房子，也可能会涨得很高。所以你有很大的机会切入到中国未来新的发展中，如果你抓住这个机会，就可以让你的生命走出一条更开阔的道路。

所以说，要突破自身的界限，就是突破你自己的认知，突破主流媒体给你的信息，你需要自己去探索，而这个探索需要热情。你要用热情开拓新的层次，这个热情会创立一个新的空间，它属于你，也属于跟你一样去拼搏、去蛮干的人。我们有的时候需要一点儿蛮干的精神，不要太理性、太有计划了，那样反而会把我们锁定在某个很狭小的地方去奉献自己的脑力，但是其实我们的脑力可以在一个更大的空间、更新的前沿去释放。

我刚才提到中国有五大城市群，这五大城市群是国家级的，是中国将来资金、人才最密集的地方。如果你不在这些地方也不用着急，因为还有一些区域性的城市，如郑州、青岛和福州都会有很大发展。当然，也有一些地区性的城市，如太原、石家庄，虽然我这样说感觉对不起这些地方的同学，但是我希望他们可以向更好的地方聚焦。

中国用五六十年时间，会彻底完成工业化和城市化的发展。在过去 30 年中我们主要是在沿海产生了 4 个一线城市，即北京、上海、广州和深圳。而将来，我们还会在武汉、成都和重庆等地再产生一两个一线城市，以及 1.5 线城市。在这样一些城市待着都会很好，这些城市的房价将来都会超越美国、日本、欧洲主要城市的房价。

城市的发展，不是因为地理资源，地理资源不会永葆这个城市发展的后劲，也不是因为各种各样的工业资源，而是因为有产业在驱动。比如河北、山西和陕西，这些地方以前有很多煤炭，所以过去七八年都活得很好，但是现在中国很多企业从重工业行业向高科技行业转型，这些地方的生活就不那么理想了。这样的环境决定了城市如果要发展，产业是主要驱动力。而人类的产业发展，其实上千年来也就经历了五六个阶段而已。

产业类型	分布空间	代表区域
农业、手工业	老街、老城、小城	上海南京路 北京王府井
轻工业（K1 K2）	城镇、家庭作坊前店后厂、小工厂； 乡镇企业、城市老厂（服装/电子厂）	温州、中山
重工业（K3 K4）	大中型城市、大型工厂/园区 化工城、钢铁城、汽车城	长三角、珠三角
信息与通信（K5）	企业研发中心——理工大学科技园 ——高新区 大城市或理工大学密集城市	京深杭
智能技术（K6）	同 K5	同 K5

产业驱动城市，而非地理、资源、权力驱动

农业阶段大家都很熟悉，这个阶段的手工业，如铁具、农具的制造，只会聚焦在一个非常小的城区。中国的很多老街，像上海南京路、武汉汉正街这样的步行街，就是对这座城市农业时代的一种尊重、纪念和感怀。18 世纪，英国的工业革命带动了整个人类产业的大变化。而中国主要是在改革开放以后，很多地方纷纷搞起了轻工业，像温州的纺织、服装，海宁的皮革等。农业广泛分布在所有可以种地的地方，是平均分布的，而轻工业分布在人口相对集中的城镇。

后来就到了德国和美国超越英国的重工业时代。那时，汽车、电器、电力、内燃机、化工、制药等产业都发展了起来，此时承载这些产业的就不能是小城市了，因为这些产业需要密集的资金和人才，小城市支撑不了这些，所以只能是大中型城市。在中国，你会发现重工业发展好的地方有这么几个，比如长三角地区，从纺织、服装到石油化工、化纤和汽车制造都很强，虽然没有很大的品牌，但是这个地区的经济实力很强，老百姓非常富有。珠三角在这方面也发展得不错。河北、山西、内蒙古等省主要的作用是给长三角和珠三角提供煤炭，所以这些地方在房地产和汽车行业发展良好的时候也会发展得很好，但是当这些产业增量慢慢减少时，这些地方就会遇到一些困难。

我们的重工业升级就是逐步用国产品牌取代国外品牌，比如国产品牌汽车取代国外品牌汽车等。等重工业升级完成之后，又出现了新的产业，即信息和通信技术产业。因为中国是一个追赶型的工业化国家，所以在2000年左右，在中关村开始出现互联网公司，而在南方的深圳，华为、中信等企业也开始做各种与通信相关的业务。这实际上也奠定了我们在第三次产业革命中的优势。在这个过程中又冒出了一个新的城市——杭州，杭州出了一个阿里巴巴。于是中国形成了新的互联网三城市，也就是北京、深圳、杭州。现在，我们马上又要进入人工智能、无人驾驶这样一个智能时代，而且可能只有在中国才能把这个时代的东西推向人类文明的高峰。

推动这种进程的，不可能是美国。因为以前搞重工业的时候，中心在美国东部的纽约、波士顿、底特律和芝加哥等城市，但后来到了第三次工业革命中通信、互联网发展起来的时候，中心已经不在美国东部，而是移到了西部洛杉矶、硅谷这样一些地方。在那段时间里，给硅谷做芯片的城市，比如深圳、上海和北京，都发展得不错。而现在要建设这类工厂，你会发现很多厂没有去深圳，没有去上海，而是去了合肥、武汉、重庆和成都。这些地方，实际上就是将来会发展的地方，同时也是将来人才密集的地方。为什么中国会带领整个人类的工业和产业进入智能时代？因为只有在中国这样一个人口规模特别大、资金投入特别多的地方，才可以完成这样的转变。

像这样工业的发展和产业的发展一层一层叠加上去，就是演

> 为什么中国会带领整个人类的工业和产业进入智能时代？这是由中国的人口规模、资金投入决定的。

化。从农业、手工业，慢慢变成了轻工业。在轻工业时代，机械本身是定制的，而后来当机械本身也被机器生产，这就是重工业。重工业中有一部分涉及精密控制，这个时候为了适应重工业的需要，精密科学发展了起来；而那个精密控制的电子回路，就慢慢演变成了通信；最后，通信从机器之间的交流，慢慢演化成人的交流，就有了互联网。

这样一层一层叠加上去，你会发现实际上转变就是从掌握最基本的人类必需的物质，如纺织品、服装、皮革这样一些东西，到石油、化工，再到信息和互联网，而且这样的演化还会继续发展下去。很多人认为中国已经发展了30多年，以后不会再发展了，可是我们过去只是一个追赶型的经济体，才到达美国20世纪50年代的状态，我们后面还有很多年可以发展。

看下面这幅图，每一个圈都要比它里层的那个圈大得多，因为外层的圈需要的投资和人才要比里层的多很多，这是演化的基本特点。最外层的圈有一部分虚线，这意味着未来可以继续扩大。这个空间的边界由谁来确定呢？当然是由年轻人来确定。

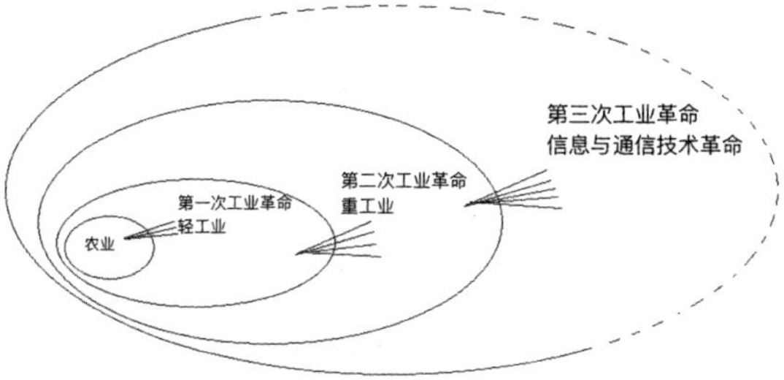

产业的演化：第一、第二、第三产业

产业驱动：年轻人如何选择城市

产业驱动城市的过程，也可以看作是演化。城市是从小城区、老城区开始，加上新的工业城，然后再加一些高新园区，这样一层一层叠加上去的。以上海为例，最早的城区很小，20 世纪 90 年代开发浦东，浦东比以前的浦西整个城区都要大，现在的浦东当然更大了。不仅是上海，苏州的城区以前也很小，后来有了苏州工业园，城区就扩大了很多。

产业驱动城市发展，产业也在驱动人才聚集。产业不断地发展，城市就会不断地聚集和叠加。

再看杭州，以前杭州只有西湖区那块小小的位置，而现在的杭州要从环西湖区向钱塘江发展。现在杭州在做科技制造，那么滨江新区的发展就是关键，按照这样的思路，将来江干区、萧山区也都会发展起来。

还有南京，以前的南京城区就是玄武湖附近很小的地方，就在鼓楼那一块位置转悠，而现在企业要跨江到北岸发展了，比如信息工业的世界500强企业台积电（台湾积体电路制造股份有限公司），这家企业的工厂就搬到了江北新区。它怎么不去别的地方呢？因为企业很清楚，未来芯片工业的主战场在中国，而且是在中国的省会城市，因为这些城市大学多，理工人才多。华星光电去哪里，京东方去哪里，台积电去哪里，你就跟着去。大家要注意这个趋势，这个趋势对年轻人做职业选择很重要。

产业驱动城市发展，产业也在驱动人才聚集。现在长江两岸都在高速发展，广州、成都、重庆都是这样的，这是非常容易看到的趋势。产业不断地发展，城市就会不断地聚集和叠加，这就涉及一个选择问题：年轻人应该去什么样的城市？

在一个城市里面，老城区是成熟的城区，也是老年人最多的地方，他们已经奋斗了三四十年，该享受生活了。所以“内环最美丽”的说法，我是同意的，浦西确实非常美丽，但那不是年轻人应该去的地方。

年轻人就应该去新城区，因为党和政府正带着各种大企业在全力开发新城区，创造各种新产业，你应该去那里发光、发热，把你生命的能量全部绽放出来。在那里你能够创造新的城区，你也能创造新的产业，创造你自己美好的生活，这是你必须要做的一个选择，因为城市是由产业驱动的。不要看别人过去30年的成就，那是已经发生了的事情，而你的更多新想法需要在新城区里面实现。

能够让年轻人实现想法的新城区一定有以下两个要点：第一，一定要有产业。如何了解当地的产业呢？有两个方法：一是去当地的规划展览馆看看，比如北京市规划展览馆就在天安门边上，但我估计很少有人去看。这方面做得最好的是重庆，上海的也不错。第二个方法就是关注城市的微信公众号，比如杭州经信委、北京经信委。如果你像我一样关注十几个城市的经信委，天天看，慢慢地你就熟悉了。

关注新城区的第二个要点就是看那里的政府把办公区搬到哪

里。比如北京市决定把政府机关单位搬到通州去，那么通州就是未来北京很重要的地方，因为政府都下决心了，企业自然也会下决心。

选择城区还可以看四个“密集”，一个比一个重要。第一个最重要的是看科技企业，哪里科技企业密集你就选择哪个地方。比如北京的中关村和西北旺，尤其是西北旺，以前是一个很破旧的地方，现在房价都涨到每平方米八九万元了。

当然，房价涨起来了，有的人会很不高兴。可那些房子都是年轻人买的，你有什么不高兴的，你唯一不高兴的是——你怎么不会编程？你怎么没赚那么多钱？如果你学会了编程，你就能赚钱买得起房了，很简单的。那你学得会吗？怎么可能学不会，你去上个编程班就可以学会了。

第二个是教育、医疗资源密集。中国的城市发展实在太快了，很多新区的教育、医疗还没有实现配套，但是如果政府机关单位过去了，各种医院、学校肯定就会配套起来，不用担心。如果周边都是密集的城区，那么你就不用担心学校差，因为父母的智商比老师的工作勤奋程度更重要。如果学校里全是城区的孩子，那么它自然会慢慢变成好学校。

第三个是地铁密集，第四是高铁密集。举一个很简单的例子，如果你在杭州，你就跟着杭州最重要的企业阿里巴巴一起成长，它在哪个城区，哪里就是当时杭州最好的地方。

杭州和阿里巴巴的共同成长史很有趣味，就像下面这幅图，这幅图是我在杭州市城市规划展览馆找到的，外地领导去杭州参观，第一站就是那里，你去杭州参观也可以第一站去那里，想象自己是个领导。

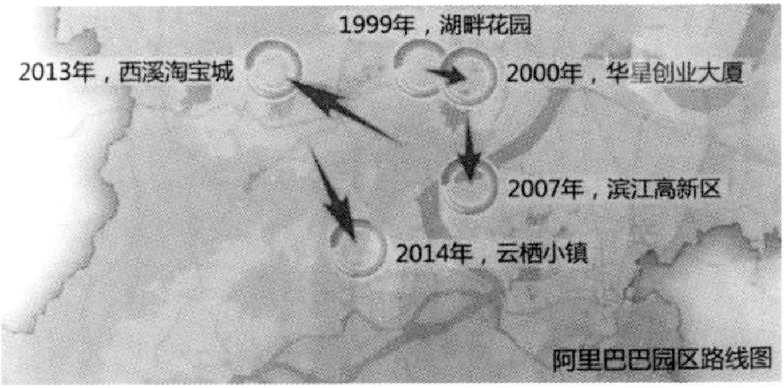

阿里巴巴与互联网及其所在的新兴城区共成长

壮志雄心：热情探索未来的人生

未来 20 年是中国财富全面大爆炸的 20 年，会从沿海、京津冀、长三角、珠三角，向京广线、成渝线推进。有人说，现在中国没什么机会了，那么我想请这些人去武汉、成都、重庆看一看，这些地方塔吊林立，到处尘土飞扬，建设得如火如荼，怎么会没有机会呢？有人说我就喜欢在北京待着，可是它已经发展得差不多了，你能干吗呢？你还没有到每天坐在咖啡馆里写书的日子。我也不敢过这样的日子，以前我天天在五道口的咖啡馆写书，后来我受不了了，就跑了。

所以说你可以去中西部这7个城市（合肥、郑州、武汉、长沙、西安、成都、重庆），但是有些人已经在一线城市，在长三角、珠三角，不想动了，那你可以去一线城市的新区，像北京通州区，上海浦东新区，深圳的沙井、光明这样一些地方。如果你在它们周边，像惠州、舟山，一定要去轨道交通、高铁和城际铁路连接的地方，这些地方都会变成中国最重要的价值高地。

有的人很关心房价的趋势，我认为，未来一两年房价只有一个字：跌。因为过去两三年涨了一倍，不跌怎么办？就像人跑了一个马拉松总要歇两天一样。但更长远来看，将来还会涨，因为中国产业还在发展，城市还在建设，全世界最有希望、投资最密集、投资回报率最高的地方，未来还是在中国。中国才发展了三四十年，相比于美国，我们还是远远不够的，还有很多地方要建设。

现在中国的中西部还是青少年，还在出青春痘，就是那些污水横流、塔吊林立、交通堵塞的现状，等青春痘出完了就会变得很美。到时候大家会在媒体上看到，武汉成了新一线城市，成都则成了一线中的一线。这些事情10年之后你会在主流媒体上看到，现在看不到是因为它还没来，因为媒体总是喜欢对成熟的东西进行表达，所以你要提前于媒体。

还有个趋势就是你要看“27 岁房价指标”，即你要看 27 岁的人去了哪里。现在很多人因为一线城市里面只有深圳的户口放得最开，所以大学毕业后跑到深圳落户，可落户之后买不起房子，那怎么办呢？那就只能在深圳奉献青春。到了 27 岁一定会返回能买得起房的那些城市，比如长沙、郑州、武汉、成都、重庆。

- 未来一两年，全国主要城市（前 70 或 80）的房价指数：跌。
- 中国产业继续发展，房价长期向上，2025 年才会是阶段性高点。

- 内地省会大城市，如合肥、郑州、武汉、长沙、西安、成都、重庆，未来 5~7 年房价涨幅超过沿海城市，甚至超过京沪。
- 哪个城市流入的 27 岁人口越多，它的房价中期涨幅就越大，在房价和城市产业发展上，大城市应届毕业生的选择不如 27 岁的人的选择重要。这是我看重的 27 岁房价指标。

27 岁房价指标

我还有一个研究，也许会对大家有所帮助。我分析了一下中国未来的前 81 个城市，发现北上深的地位依然是非常高的，而广州、重庆、天津都还会很好，接着是厦漳泉——我把厦门、漳州、泉州放在一起了。然后就是成都、郑州、武汉、苏州、杭州，这些是我们中国将来最重要的一线城市。后面还有其他城市。你可以在排在前面的城市里找一找，有没有你的家乡城市，没有的话，到前面的城市去就可以了。

我所有关于城市和产业的观察，背后都有一层一层叠加的演化思维在里面。我觉得演化论的思维对我个人影响非常巨大，就像下面这张图：一个物种演化到其中某一个枝头的时候，很多分杈和亲属都被灭掉了，它一层一层叠加上去才有了今天。我们的大脑也是这样，我们的大脑有脑干、有小脑叠加上去，最终演化出了主要负责社会推理的新皮层。

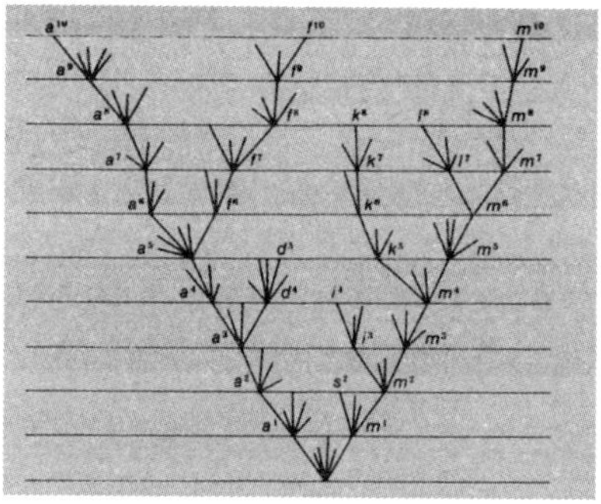

演化是微小优势的连续积累，人生是多层设计的系统工程

同样，个人的成长也是这样。每个人的基因、性格、原生家庭和教育背景都不同，所以你完全没必要为这个担心。有人说我性格上不太能够跟人相处，你去阿里和腾讯看看，那里面有很多人不爱跟人相处，但他们爱跟程序打交道，这就可以了。像阿里和腾讯这种大企业，有非常多各种各样性格的人，但都没有影响他们取得成功，所以不要为自己的性格感到苦恼，没有必要。

还有原生家庭问题。乔布斯成长于那种家庭都获得了成功，你有什么好担心的？有的人向父母发脾气，埋怨父母没给他挣大城市首付，但这不是父母的错。还有人说自己读的学校太差了，不是985、211，可是那有什么关系呢？马云读的什么学校？没有关系，最重要的是你有没有努力创造出你的新层次。

如何创造新层次？你要跟社会的、产业的多层演化状态对接起来。

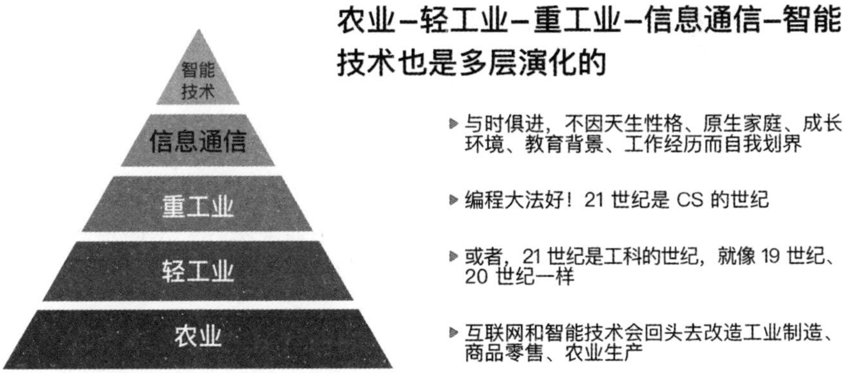

在农业时代，创造均匀地分散在整个国土上，并没有一个中心。到了轻工业时代，创造开始聚集在小城镇；到了重工业时代，开始聚集在大中城市；到了信息通信、智能技术发展的时代，你会发现创造聚集得更加集中，不但是在大城市，而且是在大城市的特定区域。举个例子，过去两三年，北京房价涨得最快的是哪两个地方？是西北旺和望京，这两个地方是互联网企业最密集的地方，连亦庄的房价都比市区很多地方涨得要快。

所以，你要去新的产业，因为你可以掌握这些产业。比如你可以去学信息学，学编程。我虽然是学哲学的，但是我否定了自己的学科，后来我教英语，我又否定了我教的英语。学编程，朋友们。你一定要学编程，很重要！

现在有些奇怪的说法，说今后不需要那么多程序员。其实程序员是极缺的，将来的智能时代，我们每个人每天的工作就是编程序。我们通过程序，通过人工智能、虚拟现实等技术，去控制1000公里以外，甚至火星上的各种制造工厂，那里面都是机器人在生产，根本不需要人去那里。所以互联网加上智能技术是这个社会的核心，你一定要学会编程。有人说工业怎么办？不用担心，将来编程会去改造工业，就像重工业完成之后就开始改造农业，用农业机械去进行农业生产是一样的道理。

年轻人在这个社会需要去创造属于自己的新层次，这是演化

> 一个人再努力，努力不过趋势；一个人再聪明，聪明不过时代。

所决定的。创造能够铸造出我们新的未来，能够铸造出我们的城市，铸造出这个社会的时代，这个社会的趋势。一个人再努力，努力不过趋势；一个人再聪明，聪明不过时代。所以大家一定要掌握新型产业，在新的城区，去创造属于自己的新的未来！

荐　书

1.《伟大的中国工业革命》

文一著，清华大学出版社，2016。

《认知科学与广义进化论》

赵南元，清华大学出版社，1994。

中国新式经济学的杰出成就。从产业来考察经济，远胜制度角度。胚胎发育的产业发展的经济理论，与新奇性迭代积累逐层升级的演化论路线，高度一致。文一教授的《伟大的中国工业革命》与赵南元教授的《认知科学与广义进化论》，是十几年来我看到的中国人创造的最精彩、最富震撼力的理论。

2.《光阴似箭：从工业革命到信息革命》（*As Time Goes By*：*From the Industrial Revolutions to the Information Revolution*）

克里斯·弗里曼、弗朗西斯科·卢桑著，沈宏亮译，中国人民大学出版社，2007。

只有产业彻底成熟、高端进口替代完成、没有新兴产业冒起了，城市的发展和扩张才会结束，才会开始向成熟城区收缩。欧美的很多大城市就是这样。但中国还处在重工业和重化工业的升级阶段、信息工业的进口替代阶段、互联网产业的蓬勃发展阶段，欧美大城市当年的扩张经验适合今天的中国，但他们今天的经验不适合今天的中国。日本东京的大城市收缩经验也不适合中国。因为他们的产业发展完了，也没什么新的产业了，而中国，工业高端产业在奋起直追，互联网产业在引领世界。有新产业，就能建成新城区。没有新产业，就不能建成新城区。想要了解全球各国的产业发展阶段，推荐看《光阴似箭》。

3.《浪潮之巅》

吴军著，电子工业出版社，2011。

这本书真的是非常非常好的书，帮我们真正认识和了解这个世界。年轻的同学们，有创业冲动的、想了解互联网的、想进入新媒体的，都应该看看。

第二部分　思维尺度：有效升级你的认知

第五讲

做一名真正的终身学习者

巴菲特、芒格等事业有成的“聪明人”有一个共同点：他们都是终身学习者。但想成为21世纪的终身学习者，面临两个困境：信息过载和学习方式陈旧。怎么办？答案是在认知科学指导下学习。什么是认知科学？如何将认知科学应用到学习中？听听魏坤琳的建议。

魏坤琳

《最强大脑》科学判官，美国宾夕法尼亚州立大学博士，现任北京大学心理与认知科学学院教授、博士生导师，主要研究人脑的工作方式，以及人是如何控制运动的。著有《给孩子的未来脑计划》等。

为什么要成为终身学习者?

许多朋友是通过《最强大脑》这个节目认识我的，大家看节目以为我是聪明人，但是我更愿意把自己定义为“终身学习者”。在生活中，我判断一个人是否有前途，不是看一个人是否聪明，而是看他对事物是否有强烈的好奇心，是否有强大的学习能力。

我在北大工作，北大严进宽出，考进来非常难，所以我经常能在北大看见很多聪明人。但这些聪明人中，有的人毕业后未能在事业上有所建树。为什么?

后来，我发现那些在事业上有建树的人都有一个共同特质：他们都是终身学习者，都对知识有着常人难以想象的渴求。例如很多国内互联网大佬，他们虽然身居高位，事务繁忙，但仍在不断地吸收着当前科技领域的最新知识，一直在学习。例如著名投资人巴菲特，如果你拿着计时器观察他，你会发现他醒着的一半时间是在看书，剩下的时间大部分用在跟一些非常有才华的人进行一对一的交谈，有时候是通过打电话，有时候是当面。

巴菲特还有一位最重要的合作伙伴——查理·芒格，他是巴菲特的智囊。芒格同样把自己的成就归结为不断地学习，他说：“我非常幸运，在读法学院之前就学会了学习的方法。在我这漫长的一生中，没什么比持续学习对我帮助更大的了。”

这些事业有成的“聪明人”，虽然身处不同领域，却都把终身学习作为贯穿自己一生的金线。

很多年轻人小时候一直是外部驱动，被老师和家长逼着学习，已习惯传统学校教育，一旦进入大学没人管，便放松下来，学习没有动力，自然就中断了。但如果学校给他们一个重要的概念——知识的复利效应，他们的动力自然就回来了，而且是源源不断的。

“知识的复利效应”是什么呢？平常我们可能以为学习就像加

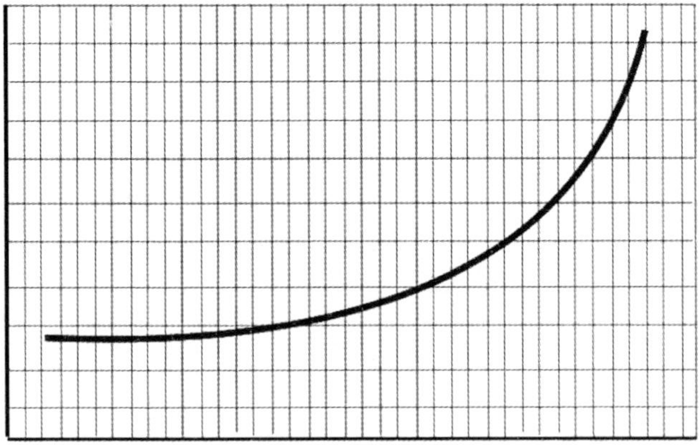

知识增长的复利模式

法，像一条线那样平缓，学一点是一点，但其实学习是乘法，像一条曲线那样，积累到某个阶段会呈指数级突飞猛进。你的学习就像银行存款利息一样，知识增长按复利计算。你在其他领域学到的知识会推动你学习的速度。看似零散的知识之间会产生化学反应，融会贯通，产生出爆炸性创想。

所以，不要把学习当作一时半会儿、某个时间段的任务，而是要把学习当作贯穿自己一生的事业，要成为终身学习者。

终身学习者的窘境

但在这个时代，想成为终身学习者，还得应对两个问题：第一个是信息过载，第二个是学习武器落后。

回想一下，小时候的我们是怎么获取信息的？去学校请教老师，去图书馆翻阅书籍，参观科技馆、博物馆，还有看电视，很少有人上网吧。现在，我们大多靠一部手机，“一部手机在手，天下知识我有”，获取信息非常快。可以看到，第一个阶段我们主动向知识的集聚地靠过去，知识就像一盏灯，把我们这些渴望知识的小虫子吸引过来，不远万里穿过黑暗，围着那知识的光亮飞舞。而现在，我们与知识的角色反转过来了，只要带着一部手机，有了手机应用程序、微信公众号、微博，信息就像一群蚊子一样嗡嗡嗡地围着我们打转，逃都逃不掉。

以前知识匮乏，现在信息过载。以前我们对知识没有选择，现在则是选择太多。当我们无法处理和内化这么多信息的时候，什么都想学，什么都想掌握，就产生了知识焦虑。

面对如此窘境，手里的学习武器似乎并不趁手。我们培养起来的学习方法、学习习惯，是在十多年前的学校教育中获得的，是面向过去的。面对信息过载时代，我们就像拿着大刀长矛，面对洪流般的坦克，一脸茫然，无能为力。

我们所掌握的学习理念、思维方式，大多来自传统学校教育，但这些理念和思维方式已不能很好地适应现在的时代，至少有两个问题：第一，传统教育内容注重静态知识技能的传授；第二，传统教育方式注重外显知识的传授。2016 年世界经济论坛上有一个报道指出，现在的小学生这一代人将来参加工作的时候，人们在今天从事的 65% 的工作都将不存在。这意味着，我们现在的教育已经不能适应时代发展了。

同时，我们也听到很多大学生毕业后不好就业，除了个人原因外，也表明传统学校教育已跟不上时代的变化。本应该是面向未来的教育，却停留在了过去，一个重要原因就是传统学校教育注重传授静态知识技能，强调对一门具体科目知识的掌握，例如老一辈家长就常说“学好数理化，走遍天下都不怕”。但细想一下，学好数理化就真的不怕了吗？你想想，传统的数理化知识有多少是我们未来确确实实会用到的？

知识是流动的、成长的，面向未来的教育应该引导学生主动对动态知识进行探索，让学生养成通用的学习能力，突破时空限制。

另外，传统教育方式注重外显知识的传授。所谓外显知识，就是我们能够写在课本上，能够用文字、图片展现的知识，也就是我们经常说的书本知识，这些知识仅占人类知识很小的一部分。

书本知识有工业化的特点，它的存在就是想把知识体系化，使它们能够在社会上快速复制，能够更好地传递下去。我们造就人才也希望这样，一次培养出成千上万个邓稼先，但这些书本知识远远不足以造就邓稼先。

我曾跟学生开玩笑说：“给你一叠纸，把你现在掌握的生物知识写出来。”这个过程就是把头脑中的内隐知识通过书写的方式外显化，但你会发现学了 4 年多的知识，能够写出来的只有几张纸。是同学们学习不努力吗？不是，他们肯定有很多对生物学的深刻理解，但一时无法用文字表达出来。那么，那些无法写出来的知识叫什么呢？就是内隐知识。

内隐知识相对外显知识更为重要。它存在于个体经验之中，例如个人动机、价值观等，也存在于与他人共享的情境之中，例

> 知识是流动的、成长的，面向未来的教育应该引导学生主动对动态知识进行探索，让学生养成通用的学习能力，突破时空限制。

如学习氛围、企业文化等。对于这类知识，传统学校教育虽然隐隐约约地感受到了，经常强调要在实际情境中学习，但是考起试来，内容依然是外显知识。

认知科学，终身学习者的秘密武器

我们需要一种可应对信息过载时代的学习方式，一种能在未来持续提供指导的学习方式。在目前的学术研究下，我比较认可的是认知科学指导下的学习方式。

什么是认知科学？认知科学（cognitive science）是一门研究信息如何在大脑中形成以及转录的跨领域学科，其研究领域包括心理学、哲学、人工智能、神经科学、学习科学、语言学、人类学、社会学和教育学。如果做一个不恰当的类比，把人脑当成计算机的话，你肯定要输入大量的信息，然后处理它们，这个处理步骤有些是把信息降维，有些是理解，有些是连接成网络。除了信息处理，还得输出。整个信息转录的过程，就是认知科学的研究范围。

2016 年 6 月 27 日，北大心理系更名为北大心理与认知科学学院，我在微博上写道："历史性时刻！这个名字的改变显示了心理学与认知科学合流的时代趋势。探索人的心理，人的心智，人的大脑，我们才开始！"

我所做的研究实际上属于神经科学，文章也大多发表在神经科学类杂志。神经科学在很大层面上是研究人的行为，同时也研究大脑在硬件和算法上如何处理信息。神经科学包括语言学、人类学、社会学、教育学等，它只是认知科学的一种。

认知科学主要研究人如何获取信息，处理信息，并做出决策，它研究的是人类学习的规律，所以，它的成果当然能指导我们如何更好地学习，是终身学习者的学习利器。

元认知

认知科学如何指导我们学习？这里介绍一个重要概念——元认知。

20 世纪 70 年代左右，心理学家约翰·弗拉维尔（John H. Flavel）提出了元认知理论。他认为元认知是：

- 反映或调节认知活动的任一方面的知识或者认知活动。
- 为完成某一具体目标或任务，依据认知对象对认知过程进行主动的监测以及连续的调节和协调。

以上两句话是说元认知包括两个方面：一是对自我如何认知的知识的了解，二是对这一认知过程的调节。

人可以反思自己的认知活动，我们可以站在另外一个高的层面上想“我是怎么思考的，我是怎么学习的”，我们可以对思维本身进行思考。同时，作为智慧生物，我们很多的活动是目标导向的，会围绕目标进行思考，做出决策，采取行动。并且，我们会对整个过程进行监控和调节，实际上就是认知的认知。这就是我们人跟动物不同的地方。

认知大体上可以说是思维、决定、推理等活动的过程。元认知则相当于研究思维、决定和推理，考察人脑思维、决策的过程。

善用认知科学，不仅可以重新认识学习，更可以改善学习进程，可以让你在信息过载时代从容不迫，在终身学习的道路上越走越远，越走越顺。

> 善用认知科学，不仅可以重新认识学习，更可以改善学习进程，可以让你在信息过载时代从容不迫，在终身学习的道路上越走越远，越走越顺。

掌握大脑学习三大特点

认知科学提倡遵从大脑特点学习，那么大脑学习特点有哪些呢？该如何利用这些特点助力终身学习？

大脑有以下三个特点可被应用到学习上：第一，大脑永远想偷懒；第二，大脑永远爱新奇，渴求模式；第三，大多数知识以内隐形式存在。

大脑永远想偷懒

不知大家意识到没有，我们夸一个学生聪明，常说“这个孩子挺爱动脑筋”，但其实没有人愿意动脑筋，大脑总是喜欢在你知道或不知道的情况下偷懒。

脑科学实验里经常会用核磁共振扫描人的大脑，这种技术可以让我们看到人脑哪些区域处于激活状态。有一个有趣的现象：

即使没有做任何思考任务，大脑的能量消耗也很大。成人的大脑一般重 1.5 千克，大概占体重的 2%，却消耗了整个身体 20% 的能量。正因为大脑耗能极大，所以大脑会自动优化效能，会尽可能把所有的能量都花在刀刃上，在执行任务的时候总是有意无意地偷懒，寻找省力的诀窍。

譬如你刚开始学习打羽毛球，主管决策、认知、监控的脑区，也就是你的大脑前额叶，会特别活跃——学习新知识非常耗费大脑能量。但学习一段时间后，你的动作开始自动化。你把球抛起来，落到某个高度时击打，大脑会告诉你胳膊挥到什么程度，并根据落点调整，不断优化运动，抛球、挥拍、击球……这时再看核磁扫描，以前非常耗能的前额叶脑区活跃度没那么高了，与运动有关的其他低耗能脑区开始活跃起来。

这表明，大脑在学会一种运动后会想方设法降低它的能耗。这是大脑爱偷懒在运动学习领域的应用，也适用于其他学习。

大家平时喜欢刷朋友圈和微博，就是大脑爱偷懒的一个表现。看有深度的书多难呀，你需要思考，需要理解，大脑耗能高，你就不想看了；刷微博多简单，手指轻轻一划，新奇有趣，大脑不需要耗能，你就喜欢做。

大脑爱偷懒还体现在：你不断囤积电子书，大脑让你自以为看过了，给你满足感；你囫囵吞枣看完一本书，大脑让你以为掌握了书里的知识，给你虚假的成就感。

大脑永远爱新奇，渴求模式

大脑的第二个特点是好奇。英文专门有一个词来形容好奇心，叫“novelty seeking”（“追求新奇”）。“novelty seeking”是一种能力，是我们天生的倾向。小孩天生就有强烈的好奇心，如果你留意看小孩的眼神，会发现他们总是四处张望。不只小孩，成人也好奇，比如路上有车祸，吃瓜群众都围过去看……

大脑还渴求模式。心理学上有个著名的“格式塔效应”，我们的大脑倾向于在混乱中找到模式，擅长找到看似不相关的东西之间的联系和规律。

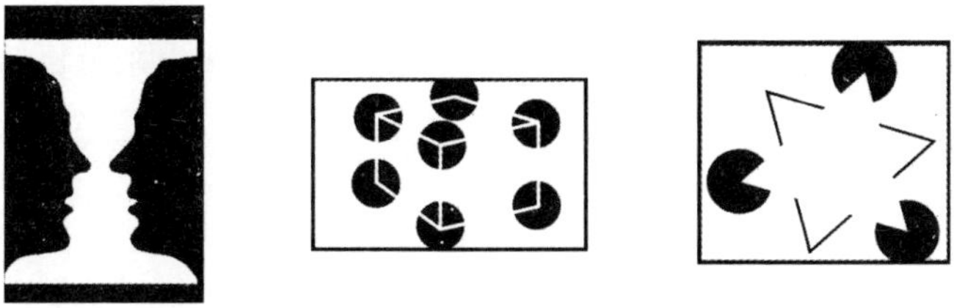

格式塔效应

我经常用格式塔效应跟同事开玩笑，说我发现了一个特别有意思的问题，但是今天还不能告诉你，快下班了，我先走了。同事好奇心被吊起来，急于补全心中的模式拼图，就会拽住我说

“你赶紧告诉我，要不我今天睡不着觉”。我就不得不告诉他，他就会很满足。

大多数知识以内隐形式存在

我们学习的通常是外显知识，这些知识能够被表达出来，写在纸面上。但这些外显知识永远是冰山一角，更多的知识不能用语言来表达。

继续打羽毛球的例子。你若问我为什么要从那个角度击球，有时候我说不出来具体原因，因为有些知识是内隐的，即使我的大脑知道，也不一定能用语言表达出来。

人类知识中有大量这样的内隐知识，知觉的、运动的、知识的……还有些知识存在于情景，跟当时的背景和人有关，无法一一言说。还有些数据本身是高维的，但是表达出来就已被降维粗浅化，丢失了很多信息。

对付偷懒大脑的四个诀窍

知彼知己，百战不殆。熟知大脑学习的各种特点，再逆向利用，学习效率反而会提升。先说如何对付大脑爱偷懒。

尽量下课后记笔记

我讲课的时候经常发现很多同学喜欢做随堂笔记，然后下课把笔记本一合，就以为自己记住了课堂上学的内容，但其实大脑在偷懒，你写下并不代表你记住了。

正确的记笔记方法应该是上课时只记几个要点，下课后找个时间通过回忆把笔记补全。有不明白的地方，自己查阅课本和资料，把这些地方弄懂，同时对课程内容根据自己的理解进行重组。这在心理学上叫“必要难度”，同时还利用了“记忆的生成效应”，也就是说，你自己生成的记忆会更加难以忘记。

2011 年，贝奇 · 斯帕罗（Betsy Sparrow）提出“谷歌效应”，是说当我们适应互联网后，记忆系统发生了深刻变化。我们平时绝大多数知识不再装到脑子里，而是装在互联网上，需要什么东西，搜一下关键词，全出来了。我们并没有理解这些知识，只是记住了它们被放在哪里。现在我们常常感叹自己记忆力下降，有一部分原因就是发达的互联网让我们可以直接检索需要的内容，自己生成记忆的机会减少了。

所以，如果你的绝大多数信息都是留在浅表，不提取，不和其他记忆连接，就永远无法记住。尽量间隔提取，形成自己的独特记忆，这样更容易记住。

考试，考试，还是考试！

说实话，没有人不讨厌考试的。我说考试好，也并不是说我现在的身份是老师，就帮考试说好话，而是认知科学家们说考试好。为什么呢？因为学习有目标，有指向，记忆会增倍。

我曾经在自己的课上做过实验，上课前我说今天讲的内容非常重要，下一节课我会随机抽一名学生回答问题。同学们虽然会立刻“哀号”起来，但要面对在全班同学面前复述的巨大压力时，他们都会开始努力听课。后来的结果也好得出奇，全班同学的期末成绩都有显著提高。

考试还有一个作用，就是逼着你去重新梳理知识。如果你问学生，学会了吗？他肯定说“我学会了”“我记住了”，但是这样的回答可信吗？别忘了，大脑会偷懒，会欺骗你。你以为你学会了，考个试不就知道了？考完试，你做错的、你不会做的题目就是你没有掌握的知识点，从而可以进行更有针对性的练习。

切换场景

尝试做一个小测试：在限定时间内背单词，第一次是在一个房间里，第二次是在不同房间里，两次的效果会有什么不一样呢？

结果是第二次的效果明显比第一次好。

为什么？因为我们的记忆不是单独存在的，它是跟情景连在一起的，不同房间的多样性情景，会产生不同的情景记忆编码，可以有效提高记忆效率。

交错式学习

还以期末考试为例，学生复习科目通常是五六门。一种策略是一直复习一门课直到完全掌握，再复习另一门；另一种策略是把一门课的内容分为几个部分，先复习这门课的一部分，再复习另一门课的一部分，如此交叉复习。

这两种策略哪一种更好呢？答案仍然是后者。后者被称为交错式学习，是指将某一段学习内容分成若干节段或专题，各部分交替着学习。与这种学习策略相对的是批量式学习。

交错式学习很好地结合了分散学习和其他促进学习要素的作用，学习者必须不断克服不同学习内容间的干扰，迫使学习者注意到其中的异同，从而在编码过程中促成对学习内容更好的表征，促进学习保持和迁移，是经大量研究证明的有效学习策略。

善用好奇心助力学习

既然大脑天生好奇和喜欢寻求模式，那么我们就顺水推舟，主动为大脑创造好奇与模式，让大脑为我们服务。

假设这样一个情景：开学时，老师发给你一套历史书，三本一千多页，让你在这学期把它们学完。你会不会觉得学习变成了记忆，觉得无聊、动力不足？你会不会因为要记的东西太多而心生疲惫？但是如果老师提出一个开放式的问题：为什么工业革命没有发生在中国？你会不会觉得你的好奇心被勾起来，给了你努力的方向和强烈的目标，让你产生思考——这个问题涉及地理、制度、政策等原因，你就会主动去看这套书。

开放式提问会给你无穷的好奇心和学习动力。我平时也会自己给自己提开放式问题，接着就会翻很多书，看很多人的观点，然后再综合各家的观点，形成自己的思考。

除了开放式问题以外，还需要养成良好的思维习惯。思维习惯相当于自动化你思考问题的方法，每当遇到问题，这些方法会自然出现，推动你思考。

思维习惯以问题开始。

第一，看到任何不懂的事物问一个为什么。譬如你刚刚看到格式塔效应图像，就可以问：为什么大脑会自动补全？怎么实现的？所有的心理学问题或者任何学科的问题，都是从几个基本的“为什么”开始的。

第二，科学思维。除了老师的解释、书本上的解释，还有别

> 开放式提问会给你无穷的好奇心和学习动力。思维习惯相当于自动化你思考问题的方法，每当遇到问题，这些方法会自然出现，推动你思考。

的解释吗？永远都在问自己：还有别的解释吗？这是典型的科学思维，用术语讲即是备择假设。备择的理论是什么？因为你提出这个问题，要形成自己的观点，你就必须得找证据，科学研究就是这么做起来的。

第三，创新思维。面对一个难题，传统的解决方法是什么？有没有什么其他脑洞大开的方案？两者的差异是什么？我能想到最好的方案是什么？这个方案是否需要用到其他学科的知识？问完这些问题，你就得马上找新知识、新见解、新书，开始新的学习了。

第四，批判性思维。它的问题模式是：真的是这样吗？譬如说以前历史书上说劳动创造人，我会问：真的是这样吗？人类的起源真的是劳动造成的吗？动物不劳动吗？什么是劳动？怎么定义劳动？

如此四个思维习惯循环往复，不断用不同问题激发好奇心，保持求知的动力。

内隐知识：成为学徒，成人学习的最佳方式

大多数知识都以内隐知识存在于大脑，如何获得更多的内隐知识呢？

大家都知道名校的孩子有很高的成才率，除了名校丰富的教育资源和孩子们本身的高素质之外，还有一个我们容易忽略且重要的因素：同侪动力。

在科研界有个明显的现象，全世界某个领域的主要论文都是几个顶尖实验室的人写出来的，获诺贝尔奖的人集中在几个实验室。聪明人扎堆出现，一流的实验室往往汇聚了一大批资源。这些顶尖实验室有一套他们自己的思维方式、行事习惯、研究方案和研究思路。这些东西不在课本上，不在他们发表的文章里，这些都是内隐的知识。这些知识在外面你根本学不到，你得靠近他们，你得到他们集聚的地方去学习。

同时，研究学习的科学家通过大量研究表明，成人的最佳学习方式并非独自练习，而是在情境中学习。普通人想进入一个领域，有效方法是直接进入相关情境，找到自己的“学习共同体”，然后围绕重要成员转，做一些外围工作，随着技能增长，进入学习共同体圈子的核心，逐步做更重要的工作，最终成为专家。就如同学习编程，你想从“小白”进阶为大师，需要直接进入编程

> 信息过载时代，不要面对信息，而要面对人。信息不重要，信息承载人才最重要，你得去和时间最前端的人群连成小社群。

领域的社群，跟程序员交朋友，先帮他们打杂搞好关系，随着自己技能的增长一步一步地成长起来。

找工作也是。有学生问我，毕业后我应该选什么样的工作？我建议他仔细想想：哪份工作环境可以让你学到更多？所以，我希望我的学生开始工作时不要主要考虑钱，而是考虑跟优秀的人在一起干活，考虑跟他们学到的东西，开始内隐式学习。优秀之人的公开演讲、论文和书籍往往不会教给你研究和思考的方式，你需要去到他身边，安静地做一个门徒，观察他、模仿他，慢慢地变成他。

这同时也是应对信息过载的最佳解决方案：信息过载时代，不要面对信息，而要面对人。信息不重要，信息承载人才最重要，你得去和时间最前端的人群连成小社群。这个圈里的人，才会用最简单的话告诉你这个世界最重要的信息。

最后，学习内隐知识还要注意“知行合一”，意思是学完了理论知识，还需要使用“输出”这个方法来对知识进行检验。“输出”具体到不同领域有不同的含义，比如你可以将自己的所思所得用一篇文章表达出来，想到一个创意时用具体的代码表现出来。

为什么强调“输出”，因为你可以看一辈子书，把各个学科都打通，但是最后如果不落实到行动上，对知识的理解和学习都是不够的。只有在行动中你才会发现自己掌握的知识是有漏洞的，才会发现以前认为自己理解了的东西其实并未理解。

小　结

查理·芒格说：“有一个相关的道理非常重要，那就是你们必须坚持终身学习。如果不终身学习，你们将不会取得很高的成就。我不断地看到有些人在生活中越过越好，他们不是最聪明的，甚至不是最勤奋的，但他们是学习机器，他们每天夜里睡觉时都比那天早晨聪明一点点。”

期待各位掌握认知科学，让生活越过越好，成为真正的终身学习者。

荐　书

1.《人类简史》（*Sapiens：A brief history of humankind*）

尤瓦尔·赫拉利著，林俊宏译，中信出版社，2014。

《未来简史》（*Homo Deus：A Brief History of Tomorrow*）

尤瓦尔·赫拉利著，林俊宏译，中信出版社，2017。

虽然尤瓦尔·赫拉利的很多观点不是他原创的，同时代的很多学者（无论是科学家还是文史家）对单个话题都有深刻的、开创性的简介，但是赫拉利令人钦佩地把历史、人文、科技和人心本质结合在了一起。

2.《这才是心理学：看穿伪心理学的本质》（*How to Think Straight about Psychology*）

基思·斯坦诺维奇著，窦东徽、刘肖岑译，中国人民大学出版社，2015。

总有人问我有什么心理学的入门书，斯坦诺维奇的《这才是心理学：看穿伪心理学的本质》是必读的。这本书语言富有逻辑又不失风趣，还提供了简洁生动、贴近生活的实例和最新的研究资料，帮助你消除对大众心理学的误解，让心理学不再那么遥不可及，即使没有接触过心理学的人，也能轻松读懂。

3.《重塑大脑，重塑人生》(*The Brain That Changes Itself*：*Stories of Personal*)

诺曼·道伊奇著，洪兰译，机械工业出版社，2015。

如果说人类登月计划开启了太空之旅第一步，那么投资巨大的人类脑计划则将为我们登临下一个宜居星球做好准备。《重塑大脑，重塑人生》是一本人类大脑可塑性研究先驱与翘楚的故事书，正是让我们用触觉感受到世界的巴赫·利塔这类先驱，使得我们正在成为来自地球的神。

第六讲

信息过载时代的认知卸载

创造者的脑子里究竟装了什么，是浩如烟海的知识，盘虬卧龙的逻辑，还是天马行空的灵感？他们记东西为什么能那么快？难道他们的大脑容量真的是普通人的几倍吗？

其实创造者并非都是脑力超凡的天才，也并非个个过目不忘，实际上，他们中的大多数和你我并无差别。那为何创造者可以如此与众不同呢？工作记忆之父艾伦·巴德利（Alan Baddeley）的学生黄扬名点破了这些谜团——适当地忘记才能更好地牢记，只有大脑容量充沛才能激发出更多的创造。在信息过载的时代，你需要“认知卸载”。

黄扬名

英国约克大学心理学博士，台湾辅仁大学心理系副教授，安人心智认知与情绪实验室负责人。

记忆存储与认知卸载

不知年轻的伙伴是否知道曾经有个东西叫“软盘”？那是我念本科时用的存储设备，容量是 1.44MB。以现在智能手机的像素水平，一张照片大概就存满了。当时还有一个奢侈品，就是 700MB 的 CD 光碟，那时候能用上 CD 光碟是一件很满足的事，因为以往要几百张磁碟片才能放下的东西，只要一个轻便的光碟就可以了。而现在，已经有很多人在用 SD 存储卡和 U 盘，容量随便就可以到几百 GB，甚至到了 TB 级。

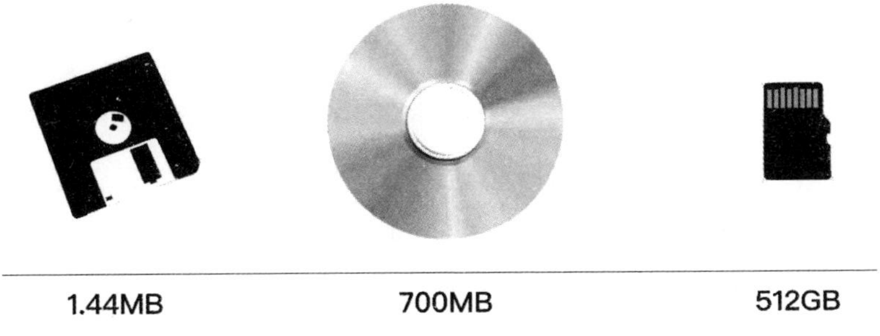

信息存储设备的变革（容量增加了 36.4 万倍）

> 很多时候我们需要把记住的信息，从长期记忆拉到工作记忆进行处理和运算。

这其中的变化看起来很大，但这整个过程才用了30年。这30年间信息呈爆炸式增长，存储信息的设备容量也增加了36.4万倍。这些硬件设备并没有信息过载的问题，因为即便本机存储空间不够，还可以放到云上面，现在很多云甚至号称是没有容量限制的。像我的手机还有一个特别的功能，它的存储空间虽然只有32GB，但是它有100GB的云端储存，它还会用一些智能运算的方式，知道我常常使用的App是哪些，然后过一段时间就把那些不常用的App封存到云端上，自动把照片传到云上去，不会占手机的容量。

硬件的存储机制听起来很创新，但其实大脑早就这样做了。我的老师艾伦·巴德利研究的工作记忆，跟这件事情很有关系。我们一般对记忆的认知就是把一件事情记下来，但人类的记忆并不只有一种形态，大家一般认为的记忆其实是长期记忆。很多时候我们需要把记住的信息，从长期记忆拉到工作记忆上进行处理和运算，这就很像手机的运作方式，它把一些东西放在本机里，另一些东西放在云端，需要时再把数据从云端传输到手机上处理。

我的老师做了很多的记忆研究，发现人有很多记忆上的限制。比如他早期在研究英国人是怎样记忆英国的邮政区号时，发现区号的语音相似性会给人们的记忆造成很大的困扰，于是就把邮政区号做了一些调整，从而便于人们更好地记住。他发现人对于事情的记忆是不太擅长的，所以他发明了一些记忆策略，这里跟大家分享他的两个小故事。

我刚到约克大学时，要和巴德利约第一次正式面谈的时间，那时候还没有智能手机，他就从他的口袋里拿出一个很小的本子，对我说："你要约哪一天我就把日期写下来。"我在英国学习期间就学习了老先生的精神，有要记的东西就把它写下来，这成为我学习期间一个很好的帮手。

还有一件让我感到非常赞叹的事情，有一回我要跟他约一个事情，他就掏出了一条手帕。我心想你要打喷嚏还是要咳嗽吗？怎么拿手帕出来？结果他是在手帕上打一个结，我就很好奇地问他为什么今天要打一个结？他跟我说："我每天回家的时候都会掏出手帕，如果手帕上面有结，我就会认真地回想一下，当天有什么事情是还没有做的，这是一个提醒的策略。"

虽然这两件事情听起来很普通，没有什么特别的，但巴德利做到了一件事情，就是认知卸载，让他的认知运作不要满载。现在的生活中大家都会有一些焦虑，觉得自己一定要在满载的状态，因为身边的朋友们整天 24 小时在工作，自己怎么可以休息？可是当你一直处于满载状态的时候，你的表现不一定是最好的。

认知卸载的利与弊

几年前有一个实验，研究认知卸载对人到底有没有帮助。实验人员找来了两组志愿者，在实验的第一部分，他们要记同一个东西，但是有一组志愿者能把要记下来的东西存在 U 盘里，在最后做记忆测试前，可以把这个 U 盘打开再复习一遍。实验的第二部分，这两组志愿者再同时记另外一件事情，然后进行测试，实验内容完全没有差别。

研究结果发现，对于前半部分的记忆，那些把内容存在 U 盘的志愿者记忆表现比较好。这其实很合理，因为他们可以在测试之前重新学习、记忆一次。但是有意思的是，这些用 U 盘的人在第二部分实验中的记忆表现也比较好，但他们并没有把东西存在 U 盘里。为什么他们的记忆表现会更好？原因就是当他们有一半

> 不要一直处在满载状态，有时候做一些卸载，你的表现可能会更好。

的东西放在U盘里的时候，心理压力是比较小的，他们的认知能力不是满载的状态，就有更多的资源去做后面的测试。这就是典型的认知卸载。

所以，不要一直处在满载的状态，有时候做一些卸载，你的表现可能会更好。

美国埃文·里什科（Evan Risko）教授也做过一个实验。他请一些志愿者来打字写一篇文章，其中一些人是用正常的键盘，而另外一些人用的键盘反应比较慢，按完一个键之后要隔一会儿才可以按下一个键，或者他要求这些志愿者不可以用两只手一起打字，而是用单手一个键一个键去按。结果他发现这些受到阻碍的人，也就是没有在满载状态下的人，写出的文章比较优美。

为什么会这样？因为在没有满载的状态下，人们有更多的时间资源去构思要找什么样的词放到文章当中。我们有非常大的潜能来面对信息时代的挑战。当然满载也很好，生产力很高，但是当你把一些东西卸载的时候，你可能会有一些意想不到的收获。

在这个信息过载的时代，除了信息过载之外，还有另外一个大家很担心的事情，就是人工智能的发展会不会打败我们人类？因为对人工智能来说，信息过载不是问题。那么卸载可以帮助我们吗？

我必须告诉大家，答案是非常肯定的。在 30 多年前，心理学家丹尼尔 · 魏格纳（Daniel Wegner）提出了交易式记忆的理论。举个例子，我们今天参加一个活动，所有人对整个活动的记忆其实是共享的，每个人都有自己的一块记忆拼图，大家拼起来才会是一个完整的样貌，换言之，我们每个人都承载了彼此的一些记忆。魏格纳找了一些志愿者，每两个人为一组，其中一位志愿者负责 A 类型的记忆项目，另一位志愿者负责 B 类型的记忆项目。结果发现，如果让志愿者知道他主要负责记忆的是什么信息，他对于那些信息就会有比较好的记忆表现。更有意思的是，实验人员发现，如果其中一位志愿者知道自己的同伴非常不善于记忆所要负责的信息，他就会更努力地把这些信息记得更好。

这展现了我们在认知的时候，可以弹性地调整，而且会视情景状况而改变。就像我跟我太太去旅行的时候，我是一个记路名的人，她是记地标的人，我们一起出去就不太会迷路，因为我们有两种线索可以帮助记忆，不会因为只记路名却找不到路牌而迷路。

大家可能马上就联想到了，这种认知卸载，是不是跟一些机器在运作时所做的分工是同样的原理呢？其实不太一样，比如我们编程，安排某一个程序做某一个任务，另外的程序做另一个任务，这两个程序彼此之间是没有关系的，做各自的事情，做完之后把结果交给下一个程序去处理。而当我们在进行交易式记忆的时候，是一个共享的状态，虽然我跟我太太在旅行的时候，我主要负责记路名，但是并不表示我完全没有记地标，反之她可能有时候也会去记路名，所以认知卸载和程序运作是不太一样的。

当然，认知卸载并不完美，有时候也会有一些风险，因为如果我们都同时幻想着别人会帮我们做这件事情，那就没有人去把东西记下来了。举个例子，当我的研究生来找我讨论问题的时候，我会先告诉他们，等一下你离开这间办公室之后，这些讨论内容就跟我没有关系了，你得自己记下来。这时他们会拿出录音的设备，也会比较专心。但是同时也会有一些状况，就是有些学生的记忆会拼凑出一些奇怪的东西，我跟他讲要做三个实验，他以为只要做两个实验，这就会很麻烦。

卸载并非完美无缺

认知卸载除了是一种非常务实的做法，还有比较感性的方面。比如，当你买了一台新的笔记本电脑之后，把文档从原本的笔记本电脑拷贝到新的笔记本电脑中，你就可以开始用新的笔记本电脑了，因为里面存储的东西是一样的。但是未来如果有技术去拷贝一个人的记忆，我们是没有办法完整地把这个人的记忆拷贝到另外一个身体里面的，因为我们很多的记忆其实是跟别人共享的。

如何进行认知卸载

认知卸载非常重要，特别是在这样一个信息过载的时代。然而什么时候卸载？卸载多少？怎么卸载？

第一，什么时候卸载？基本上时时刻刻都应该卸载。我在做事情的时候，有一个特定的目标，除了目标以外的东西，我就放空，那些不重要的我都不处理。有一次我跟朋友约在地铁站，他已经提前到了，他看到我走过来，他也迎面向我走来。但是我跟他擦身而过，完全视他于不见。他非常错愕，隔了几秒钟他才反应过来，大叫我的名字，我才回头，发现刚刚怎么没看到他。那其实是因为我的目标是到达地铁站，所以需要先到地铁站，才会环顾四周找人。

第二，卸载多少？拿旅行举例，各位如果要出去旅行，什么都带当然很笨重，但也很方便，因为你到了目的地，一进酒店打开箱子就可以睡。如果你什么都没带，可以直接上飞机，不用去托运行李，虽然很轻松，但是一到达目的地你就要开始烦恼了，牙刷也没有，换洗衣物也没有，你都要去买。所以如果你卸载过多，可能会造成一些不便。因此，卸载多少主要看各人的平衡，每个人都有自己的习惯。

第三，怎么卸载？这其实也是因人而异的。以记忆为例，我们今天要记一个东西的时候，核心信息是最该保留的，其他细节的东西就不一定要在当下进行处理。所以很多时候我会把要记录的零碎东西，用智能手机上的一些 App 存储起来，以后要提取的时候，直接打开那个 App 就可以了。现在很多人会去上记忆术的培训班，学习怎样记事情会记得比较好。千万不要上那种班，因

> 卸载不是丢掉，而是暂时放下来，需要的时候再把它拿回来。

为那些技术和方法都是那个主讲人为他自己开发的，对他最有帮助，但对你不一定有用。

我跟我太太常常会通过邮件去交代一些事情。有时候她说你怎么没有提醒我，我说我有提醒你，她就很认真去找她的邮件，但是她怎么找都没找到，而我一下就找到了，为什么？因为我跟她处理信息的方式是不一样的。所以认知卸载得用你自己的方式去卸载，你才有机会把东西再抓回来。卸载不是丢掉，而是暂时放下来，需要的时候再把它拿回来。

有一个心理学研究，让一些没有经验的人看一篇专业的学术文章，之后再让他们用专家的方式（即专家在读这篇文章的时候眼球轨迹的移动方式）来看这篇文章，结果发现后者的文章处理效率更高。虽然我一方面和大家说记忆术都是骗人的，但如果你在某个领域是一张白纸，那么就该好好跟着专家学，因为相信专家有时也是一种卸载，你就不需要自己从头开始了。

用身体做卸载

再说一个跳出框架的研究。有个研究是这样的，把一些人关在一个箱子里，另一些人在箱子外面。结果在箱子外面的人有更好的创造力。这个研究其实呼应了具身认知，很多时候我们的身体承载着一些信息，只是我们没有好好地去使用它，但它对我们的影响是很大的。

所以大家以后在处理信息的时候，可以用你的身体帮你做卸载。就像小朋友在学东西的时候，老师会带他们唱唱跳跳，小朋友就会用身体唱跳的动作来帮助他们回想当时学的东西。但有一点很重要，你要真的用你身体的感觉、移动的姿势做卸载，而不是跟着指令把手举起来。因为当你把这个动作变成标签的时候，它其实是一个额外的负担，没有真正帮你达到卸载的目的。

第二个做法就是善用你的热情。我很喜欢米菲兔，所以当需要记一些年份的时候，我就会去找这个年代的米菲绘本是哪几本，我记得那几本，就知道是哪一年的东西了。还有就是要去创造、善用自己的载具，比如在交易式记忆中，人就是一种载具。除了人，地点、时间或东西都可以是协助你卸载的载具。

荐书

1.《有序：关于心智效率的认知科学》（*The Organized Mind*）

丹尼尔·列维汀著，曹晓会译，中信出版社，2018。

这本书也是思考如何面对信息过载这件事情，不过切入的观点有些不一样，相当有意思。另外，作者对于大脑运作的描述，相当清楚、有条理，对初学者特别有帮助。

2.《深度工作》（*Deep Work*）

卡尔·纽波特著，宋伟译，后浪 | 江西人民出版社，2017。

《情绪》（*How Emotions Are Made*）

莉莎·费德曼·巴瑞特著，周芳芳译，中信出版社，2019。

巴瑞特院士对于情绪的见解独到且具有说服力。情绪没有那么神圣，它只不过是一个方便沟通的心理状态的标签，而所谓情绪与认知的抗衡，根本是骗人的伎俩。跳出既有的框架，跟着巴瑞特院士一起思考，相信你会对情绪的本质有全新的体悟，不会那么容易为情所困，甚至可以让情绪成为自己的助力，让自己有更高效的表现！

3.《浅薄》(*The Shallows*)

尼古拉斯·卡尔著，刘纯毅译，中信出版社，2015。

互联网对现代人的影响是非常深远的，认知卸载与互联网有着如胶似漆的关系。如果你能搞清楚互联网对大脑的影响，就更有机会去思考要如何适应。

第七讲

做好人也要讲科学

有人说，现代社会道德沦丧，人心淡漠，我们不敢再帮助他人。你想当好人，却担心会被讹诈？无私地、不留名地帮助陌生人真的好吗？你是否想过，会有一种科学助人的方法？清华大学积极心理学研究中心办公室主任赵昱鲲从心理学角度为我们解释了为什么做好事要留名，你下次不妨实践一下试试。

赵昱鲲

清华大学积极心理学研究中心办公室主任。特技：善于转行和收集硕士学位。本科学的是化学，到美国后转为计算机，工作8年后，因为疑惑于对幸福和人生意义的科学解释，又转学心理学。收集有罗格斯大学化学和计算机硕士学位、宾夕法尼亚大学应用积极心理学硕士学位，清华大学心理学系博士。著有《消极时代的积极人生》，译有塞利格曼的《持续的幸福》。以“老摇”的笔名著有《美国草根政治日记》《数学乐旅》。

好人就像蜜蜂

雷军有一句话很有名，叫“站在台风口，猪都能飞上天”，意思是说，只要研究好人类经济大势，就能赚大钱。有很多人不同意这个观点，比如李彦宏就说，风口论就是投机论，只要看外界环境就行了这个说法是不对的，我们应该把自己的事情做好，把我们的内在价值挖掘出来，才能真正立于不败之地，就像老鹰一样，风来了，能飞，风停了，仍然在翱翔。不要像猪那样，风一停，当初飞得越高，后来就跌得越惨。

我不是学经济学或者商科的，所以我不知道他们俩谁说得对。我是学积极心理学的，我想讨论一种心理特别积极的动物，那就是蜜蜂。为什么说蜜蜂的心理特别积极呢？第一，蜜蜂爱美，它到花丛里面去，产生了美好的东西，就是蜂蜜；第二，蜜蜂勤劳，每日辛勤劳作；第三，蜜蜂社会性很强，勇于奉献，乐于助人。

现在风口来了，猪飞上去了，鹰也飞上去了，蜜蜂怎么样科学让我们知道人类的利他行为是从哪里来的，我们怎样利他才能做得更好。

呢？我们可以看到，有的蜜蜂因为风太大而迷失了方向，被风吹得东倒西歪；也有一些蜜蜂顺着风飞到它更想去的地方，到更远的远方去采蜜。

其实这也是现代社会中好人所面临的困境。有人说现代社会道德沦丧、人心淡漠，我们不敢再帮助别人。看到街边有老人摔倒，我们不敢去扶。也就是说，现代社会是危害利他行为的。

现代社会不仅造成了这些困境，也给我们带来了很多可能促进利他行为的因素，尤其是有两大风口对于我们这些蜜蜂是非常有利的，那就是科学和技术。科学让我们知道人类的利他行为是从哪里来的，我们怎样利他才能做得更好。而互联网将人类以前所未有的密度和高度联系到一起，也使我们能够产生更好的利他行为。所以我们人类，我们这些蜜蜂，如果能够更好地利用这两个风口，不能说我们飞上天，至少也能够飞得更好、飞得更远。

互联网时代之前的助人 1.0

在这个新的风口之下，我们这些小蜜蜂怎样才能活得更好呢?

在讨论这个问题之前，首先要退一步，看一看在心理学的研究还没有那么昌盛，在互联网还没有出现之前的时代里，助人是怎么回事儿。我称它为助人 1.0。助人 1.0 的榜样或者典范是谁呢？大家可能最常想到的两个典范：雷锋和特蕾莎修女。

观察他们的行为，我们会发现他们的助人是出于一种道德动机，比如特蕾莎修女的基督教信仰，或者雷锋的共产主义信仰，他们并不要求回报，因此他们助人的时候是无偏无倚地帮助一切人。基督教信仰让特蕾莎修女对所有的人都一视同仁，雷锋则愿意帮助所有的人，二人并不是为了自己得到回报而去帮助别人，所以他们并不会去考虑“我帮了你，你会不会给我什么回报”，而只是看对方有没有什么需求，然后就去提供帮助，所以他们会无偏无倚地帮助所有人，包括陌生人。

尤其是雷锋，做好事不留名，不求回报，并不是说我帮助了你，你就要给我写表扬信，我就一定要把它写在日记里，将来发表出来。雷锋没有这么做，特蕾莎修女有没有这么做，我不知道，但我想她应该也没有这么做。他们的事迹非常伟大，非常令人感动，但是这些事迹可以复制吗？我们这些普通人也可以成为雷锋或者特蕾莎修女吗?

人类天性喜欢助人

事实上，心理学研究发现人类其实是有助人的本能和天性的。

德国科学家做了一个实验，把一些一岁多的小孩带到实验室里，然后观察他们在别人需要帮助的时候会怎么做。

小孩子当时还小到不太会走路，也不太会说话，但是他们都已经能够观察周围人的处境，然后能够对助人的场景做出反应，而且基本上都是自主自发地去帮助别人。他们这么小，其实不太可能是受到这个社会的教化。所以助人并不是由社会文化塑造出来的，而更多的是一种天性。

如果把这个实验往后退一步，助人之心从 1.0 退到 0.0 ，从 20 世纪退到人类进化的那个漫长的历史时期，其实助人之心也可以用科学的方法来研究，尤其是进化心理学，它可以帮我们揭示人类进化出这种心理的真正原因。

从进化心理学的角度来说，我们一般认为人类之所以会进化出助人的心理，主要有三个原因：第一是亲缘选择，因为你的亲人跟你是共享一大部分基因，所以你帮助他们就是帮助自己的基因传播；第二是直接互惠，因为人跟人之间的关系并不是零和游戏，而是 1+1>2，你帮助了这个人，这个人将来再回报你，你们两个其实都可以得到更多的利益，因此也会受到进化的青睐；第三是间接互惠，就是说哪怕你帮助了这个人之后，他没有办法回报你，没有关系，只要他来到一个你俩共同身处的群体，在里面传播你的美名，那就可以了，以后这个群体的人都知道你是一个好人，都会来帮你，这就是间接互惠。

这三种力量是促使人类进化出助人之心的主要因素，还有一种是达尔文提出来的，叫群体选择。这个在学术上争论很大，所以我这里就不提了。由这三种因素，进化心理学的研究就揭示出其实人性本善，人类天生就有良善之心。但为什么在现代社会之下我们还会遇到这么多障碍呢？其实原因并不是现代社会本身不好，也不是我们这个社会缺少善良，而是缺少激发和鼓励善良的社会机制；并不是我们这个社会没有好人，而是缺少支持好人以及把好人连到一起的平台。

助人 2.0

我们如果把这些心理学的方法加以应用，就能找到一套能够让人更好地帮助其他人的方法，也就可以把我们带入助人 2.0 时代。我们可以考虑以下三点。

第一，我们怎样才能更好地帮助别人呢？我们要帮助熟人，心理学的研究也确实发现我们帮助熟人的意愿和频次要远远大于帮助陌生人。首先，因为熟人很可能是你的家人，那么亲缘选择可以驱动你帮助他们；其次，熟人最容易直接回报你；最后，熟人也更愿意帮你传播美名。

第二，如果我们观察人类进化出助人行为的这三个原因，会发现人类进化出助人行为并不是由于道德，而是由于利益。只有当未来的收益超过所需付出的成本之时，利他主义行为才会产生。这是哈佛大学的进化生物学家马丁·诺瓦克说的一句话，当然他这句话过于绝对，在我看来应该是：当未来的期望超过成本时，利他主义行为更可能发生。但马丁的这个理论对我们很有启发，只有当成本小于回报乘以概率的时候，利他主义行为才更有可能发生。

成本是说我们帮助别人的时候要付出时间、金钱，甚至有时候是生命受到威胁。回报是别人将来对你的帮助，但是别人将来不一定能帮助你，这中间有一个概率问题，这个概率你怎么才能知道呢？有一个很明显的线索，就是这个人过往的记录，这个人是不是个好人？他是不是经常帮助别人？如果他以前就是一个乐

> 当未来的期望超过成本时，利他主义行为更可能发生。

善好施的人，那么很显然他将来也更可能帮助你，但是如果这个人以前就是一个损人利己的人，那你最好还是不要帮他了，因为你帮他也是白帮。这个就是名声。

当我们帮助别人的时候，如果我们留下自己的名字，会给我们带来更大的回报。心理学研究也发现，如果在一个场景之下，你可能会被别人看到，你可能会留下自己的名字，而且别人会把你的名字传播出去，那么你做好事的概率要远远大于那些没被别人看见的人。

第三就是好人要抱团，因为当好人在一起的时候，就会有更多的直接互惠和间接互惠。

以上是我从心理学角度，从助人行为的很多研究中总结出来的三条，我把它们称为“好人会武术，神仙挡不住”。孟子有句话叫作“吾善养吾浩然之气”，浩然之气虽然是天生的，但也需要养。

科学助人，你好我好大家好

心理学的发现让我们能够更好地激励、使用自己的善良之心，这个时候你的内力就会更加强大，但是光有内力还不够。我们知道，张无忌刚刚练成九阳神功时，其实并没有天下无敌，而是打了好几次败仗，每一次都吐血，为什么呢？因为他不懂基本的外功，他还需要学一些招式。在我看来，这就是外界对于我们助人行为的支持，如果能有一个平台，能有一些方法使我们能够更好地帮助别人，那么我们就会如有神助，就好像学会了如来神掌一样，就会“好人会武术，神仙挡不住”了。

这个如来神掌是什么呢？在我看来就是互联网。我们知道现在站在风口上的人最喜欢谈论的就是把一方的需求和另一方的需求通过互联网连接起来，从而产生价值。那么很显然也有人会想到，世界上有大量的人需要帮助，有大量的人愿意帮助别人，如果我们用互联网把他们连在一起，一定会产生很好的价值。

事实上清华就有团队这么做了，他们做了一个App，每个人把自己的需求发在网上，然后看有没有人来应答。但是不到三个月，这个平台就荒废了，为什么呢？第一，这个助人平台是一个陌生人之间的互助平台，当我们在网上看到有陌生人求助的时候，其实我们帮助他的意愿是很弱的，我们更愿意帮助熟人。

第二，当一个陌生人求助，或者甚至当我们的求助被一个陌生人应答的时候，我们有时候不敢去回应或接受，因为我们不知道互联网的后面是一个人还是一条狗，甚至一匹狼。

第三，因为互联网上都是陌生人，无论好名声还是坏名气，大家都不太在乎，所以就失去了持续的互助推动力。

其实上述的助人 App 本来是很好的一件事情，但是由于他们没有掌握好心理学的技巧，最后把这个 App 做成了一个烂尾工程。

如果把互联网和我刚才说的内功这三条原则结合起来，很容易得出一个结论：我们可以在网上做一个熟人互助的平台。最近我想到一个主意，我们其实可以在微信上做这样一个熟人互助平台，因为微信是现在中国人最大的一个熟人圈子，我们可以做一个服务号或是公众号，上面有相应菜单，你可以发布你的求助或者施助信息。

比如，谁能帮我取个快递？或者我下个星期要去国外了，我可以帮着海购，带点东西回来。对我来说这是举手之劳，帮助熟人何乐而不为？大家可以把信息分享到朋友圈，也可以仅仅就是在平台上提交之后，进入我们的系统，下次你的好友来查看的时候，就会发现，自己的朋友有这样的求助或者施助，那么就可以应答，然后双方约定时间来相互帮助。这个互助的行为达成，我们就可以做成一笔交易，然后交易就存入了系统，以后可以查看。

你也可以拒绝施助，因为很可能你知道对方是一个损人不利己的人，不愿意跟他打交道。

在这个平台上你可以看到，你曾经怎样被人帮过，你曾经怎样帮过别人；你也可以看到，你的好友帮助过多少人，或者你被多少人帮助过等等。因此，这是一个熟人互助的平台。它能不能做成呢？我把这个主意跟很多人说了，很多人都认为不太可能，谁会愿意跑到微信上来求助呢？但是注意，你并不是在向大千世界求助，你是在向你的熟人圈子求助，这其实是来源于积极心理学的一个实践方法，叫作“互助环”，说的是一群人坐在一起把自己的需求说出来，在这群人里面很可能就有人能够提供帮助。我在我的一次积极心理学课上就做过类似实验。我们班上有 20 个人，每个人写下自己的三个愿望，有的人愿望很大：我想去西藏，我想学好英语；有的人愿望很小：我没吃午饭，谁有好吃的？我今天下午要回家，谁可以带我一程？无论是大还是小，其实每个愿望都有人能够帮助到他。我们在每一对寻求帮助和提供帮助的人之间都画了一条线，最后竟形成了一个漂亮的图案。我们可以看到，人跟人之间可以产生这么多连接，因此我才认为如果我们把这个东西搬到网上也是可行的。

用当初参与我这个实验的一个同学的话说，虽然认识大家这么久，但从来也没有想到居然大家还有那么多他不知道的需求，

> 我们这个社会并不缺善良，缺的是怎样鼓励激发运用善良的社会机制；我们缺的并不是好人，而是怎样能够让好人得到更多支持和更多连接的平台。

其实是他轻易就可以帮到的。

我们这个社会并不缺善良，缺的是怎样鼓励激发运用善良的社会机制；我们缺的并不是好人，而是怎样能够让好人得到更多支持和更多连接的平台。我希望大家能够一起行动，来做新型的蜜蜂。我们在这个风口之下，不再是被风吹得东倒西歪，而是能够顺着这个风飞得更高，飞得更远，采到更多的花，酿出更好的蜜，塑造出更好的世界，成为一个新时代的新蜜蜂！

荐 书

1.《自私的基因》（*The Selfish Gene*）

理查德·道金斯著，卢允中、张岱云、陈复加、罗小舟译，中信出版社，2012。

改变了我的三观，揭示了这个世界的真正规律。

2.《道德动物》（*The Moral Animal*）

罗伯特·赖特著，周晓林译，中信出版社，2013。

沿着《自私的基因》的逻辑向前推演，却描绘出了道德的图景。

3.《沃顿商学院最受欢迎的成功课》（*Give and Take*）

亚当·格兰特著，王非译，中信出版社，2015。

既解释清楚了为什么要助人，又告诉了我们该如何聪明地助人。

第八讲

童年生活的“蝴蝶效应”

你的成年生活是雷电交加，还是风和日丽，从童年的“天气预报”就能看出端倪。父亲缺失的家庭会给女儿带来怎样的影响？一个小女孩会如何下意识地选择自己的生命史策略？进化心理学副教授吴宝沛给了我们答案。

吴宝沛

香港中文大学博士，本科和硕士分别就读于中山大学和北京师范大学，现为北京林业大学人文社会科学学院副教授，研究方向为进化心理学。热爱写作，笔名“非言语”，有著作《爱人、情人和怪人》，译著《猿猴的把戏》和《机器人叛乱》。喜欢读书、教书、写书的生活状态，追求真诚、平易、有趣的写作风格。

童年很美好，蝴蝶很漂亮。有过童年，见过蝴蝶的人，都会同意我这句话。罗大佑有一首歌，叫《童年》，里面有这么一句歌词："操场边的秋千上，只有蝴蝶停在上面。"庄子有一次做梦，梦见蝴蝶，醒来以后，怅然若失，他不知道，到底是蝴蝶变成了庄子，还是庄子变成了蝴蝶。

不过，我要讲的跟罗大佑和庄子没关系，跟美好和漂亮也没有关系；我要讲的跟人的童年遭遇有关。让我们从一个经典的心理学研究说起。

父亲缺失的家庭，女孩会怎样？

1972 年，美国心理学家赫瑟林顿主持了一项研究，她想知道父母分开对女儿的成长有什么影响。分开的理由很多，有正当的有不正当的，有合理的有不合理的，分开的时间也有长有短。

于是，她找了三拨女孩，这些女孩年龄在 14~17 周岁，在很多方面都非常像，包括家庭经济状况、母亲的年龄、宗教信仰。唯独在一个方面不一样：这些女孩的家庭构成。有的来自正常家庭，父母俱在；有的来自寡妇家庭，爸爸死了，妈妈很长一段时间都没有再嫁；还有的来自离婚家庭，父亲要么正式地跟母亲离婚，要么是非正式的，根本没通知就玩起了失踪。

赫瑟林顿刚开始是用问卷法，请被试去填写。她看了一下结果，非常令人不满意。这些女孩的性别认同、社会焦虑都没什么区别。不过，她还安排了访谈和观察两个环节。恰恰就是在这两个环节，她发现了意想不到的结果。

如果访谈者是个男的，离婚家庭的女孩会坐得离他最近，眼睛会时不时地瞟他，跟这个男的会有更多的目光接触，她的坐姿会非常放松，甚至有点儿轻佻；正常家庭的女孩不一样，她坐的位置离这个男访谈者要远一点，同时，她对这个男访谈者没太大兴趣；如果被访谈者是来自寡妇家庭的女孩，你会发现她的反应非常极端，她坐的距离是离男访谈者最远的，好像要拒人千里，根本不会跟对方有任何的目光接触。如果访谈者是女的，以上这些差异全都消失了。

随后，赫瑟林顿又到乡村舞会上观察。她发现，又是离婚家庭的女孩，她们非常活跃，自告奋勇，去跟陌生的男性搭讪、跳舞。正常家庭的女孩大多是跟女伴交流。反应最极端的又出现了：寡妇家庭的女孩，直接把自己关在更衣室里不出来，好像人间蒸发了一样。

这样看来，离婚家庭的女孩好像更会卖弄风情，不怎么端庄。一种观点认为，这是因为离婚家庭的女孩早熟，所谓的“卖弄风情”，所谓的“有点儿轻佻”，不过是她们早熟的结果。那么有没有这种可能，父亲缺失会加速女孩的性成熟？记住，不是心理成熟，是性成熟，她的青春期会提早到来。

很多研究者对这个问题进行了深入探讨，他们研究的方法多种多样，比如有的去追溯，访谈已经长大成人的女孩，问她小时候有没有见过父亲，父亲什么时候离开家的，知不知道他为什么离开家。有的是前瞻性研究方式，在这个女孩很小的时候，访谈者就入驻其家中，定期观察。有的是问女孩月经初潮的年龄是多大；有的是问她的母亲，这个问法有点儿主观。还有人为了弥补这个方法的不足，采用更为客观的方法，即让医院去测查，主要的指标就是女孩的乳房发育程度和身体曲线。研究人数少的有几十人，多的上百人，我见过一个最多的研究样本是一万多人。牵扯的国家也非常多，不过大多是西方发达国家，主要是美国、英国、加拿大、澳大利亚和新西兰。

这样的研究有几十个。心理学家布鲁斯·埃利斯对所有的研究进行汇总，提炼结果，得到的结论是：父亲缺失的确伴随着女孩性成熟的提前。跟正常家庭的女孩相比，离婚家庭的女孩青春期到来的时间会提早 2~9 个月，而且她们提早进入青春期的可能性要比前者高 2~3 倍。还要强调，很多的研究是追踪研究，排除了各种各样的干扰变量之后，父亲缺失在前，女孩提早成熟在后，两者之间似乎存在着因果关联。如果我们比较谨慎地去接受这个结论，可以认为，父亲缺失，会加速女孩的性成熟。

快慢车道，选哪个？

说到这里，聪明的读者可能会提出一个疑问：为什么说父亲死了，女孩的性成熟没有提早；而父母离婚、父亲离开了家，女孩的性成熟会提早？要回答这个问题，我们不得不求助于“生命史理论”，这是进化心理学中一个非常重要的框架。这个理论认为，跟所有的有机体一样，人类存在着灵活多样的行为策略，使用这些行为策略是为了解决各种各样的问题。

我们从生到死，生命历程中面临的问题大致可以归结为三类：第一，生存，就是活下去；第二，发展，就是要活得好；第三，繁殖，就是要留下后代。我们也深深地意识到，在任何一个时间，比如现在，我们拥有的时间、精力和资源都是有限的；但我们要面对的问题，却好像不是那么有限。

> 从进化的角度说，我们必须权衡，必须决定如何去分配我们的时间、精力和资源，才能更好地兼顾生存、发展和繁殖。

所以我们必须权衡，必须决定如何去分配我们的时间、精力和资源，才能更好地兼顾生存、发展和繁殖。比如，你是把这个资源都投入到身体发育，还是投入到繁殖后代？如果投给前面的多，留给后面的就少。即使全部留给繁殖，也存在着两种权衡，一个是择偶，另一个是育幼。如果你像花花公子一样狂热地去追妞，无休无止，那么你留给自己的家人，包括妻子和孩子的时间就少。

权衡的表现有很多，学者们经过研究，总结出这个表现涉及两种。我把这两种权衡的策略称为“快车道”和“慢车道”。英语里面有个词叫 live fast，我在翻译一本书的时候直接把它翻译成：烧得快。当然这主要是指男人的生命历程，女人烧得慢点。什么是快车道策略呢？说白了就是早生多生，追求的是后代的数量；而慢车道策略，是要晚生少生，注重的是后代的质量。

这两种策略在动物界中普遍存在。有的动物以快车道模式为通常，环境较安稳，未来可预期，资源较丰富，那么个体就会采用慢车道策略，慢慢地生长，像一棵树一样；相反，个体就会采用快车道策略。

主，比如鱼类。繁殖季节到了，雄鱼和雌鱼在水中浪漫相会，你排出精子，我排出卵子，但是浪漫到此戛然而止，父母开始不闻不问，让自己的精子和卵子在水中自生自灭，好像是对它们的孩子说，你们自己去玩吧。当然也有动物采用慢车道策略，特别是哺乳动物，尤其是包括猕猴、黑猩猩和我们人在内的灵长类，通常一胎只生一个孩子，然后为了照顾这一个孩子，父母需要含辛茹苦很多年，相当不易。

不过这里要澄清一个观点，我们现在看到的只是物种之间的差异，但在同一个物种之内，不同的群体和个体之间，可能采用不同的权衡策略，也可能一边是快车道，一边是慢车道，这主要跟面临的适应压力有关。通常，环境较安稳，未来可预期，资源较丰富，那么个体就会采用慢车道策略，慢慢地生长，像一棵树一样；相反，如果环境不怎么安稳，资源不怎么丰富，未来不怎么可预期，那么个体就会采用快车道策略。前者类似于一鸟在手，胜于两鸟在林；后者类似于韩信点兵，多多益善，相当于把鸡蛋分放在不同的篮子里以降低风险。

再回过头来看父亲缺失为什么会加速女儿的性成熟。父亲缺失这样一个环境线索，有可能偷偷地启动了女儿身上的快车道按钮，让她及早成熟。这样她就能及早进入择偶市场，及早去追求自己想要的东西，靠自己，而不是靠家庭，因为她的家庭靠不了。

早熟只是快车道模式的一个表现、一个侧面而已。快车道还有其他的表现，第二个表现就是依恋模式。很多研究发现，父亲缺失的女儿更容易形成不安全依恋模式，要么容易焦虑，要么回避父母的亲情。而且，她小时候跟父母互动的模式，会很自然地、习惯性地带入她的成年。

有研究者调查了 373 名白人女孩，从她们 1 岁多一直追踪调查了 16 年。在这些女孩长到 9 岁之后，研究者还会每年给她们安排体检，测量她们的成熟程度。结果发现，如果一个女孩在 15 个月大的时候是不安全依恋，那么她会更早地进入青春期，更早地完成青春期，更早地结婚，当然你能想到，她也更早地离婚。更重要的是，研究者还控制了一个混淆变量，即使在排除这些女孩的母亲月经初潮年龄之后，这个结果也成立，这意味着遗传是不能完全解释这个结果的。

除了依恋模式之外，快车道策略还有第三个影响，那就是它会导致人们的短视。进化生物学家奇泽姆认为：死亡率是环境的一个重要线索，死亡率高的地方，说明这个地方环境不安稳，比较动荡。这个线索有可能也会按下一个人身上的快车道按钮，让他就像开了赛车一样，一路狂奔。

进化心理学家达利和威尔逊夫妇做了一个调查，这个调查支持了奇泽姆的观点。他们调查了芝加哥地区 77 个社区的犯罪现象，结果发现，凡是预期寿命短的地区，犯罪现象更猖獗，在那个地区生活的人，更可能早生育、多生育。

我们静下心来想一想就知道，一个没有未来的人，你让他等明天其实没有任何意义。延迟满足是一个非常美好的品质，但如果延迟了 10 年，他得到的满足依然是零，他依然沉沦在社会底层，他的生活依然没有任何改变，你就会发现，早知今日，何必当初。他还不如在他血气方刚的时候大干一场，铤而走险，说不定还有出人头地的机会，这其实就是短视的自然逻辑。

不幸的蝴蝶

那么，是不是说，所有童年时父亲缺失的女孩，以后都会成为一个“女赛车手”，把车开得飞快，风驰电掣？当然不是，进化童年遭遇的这只蝴蝶，它也会扇翅膀，也有可能引发成年后亲密关系中的一场龙卷风。

心理学中有一个变量，叫作风流指数。风流指数倒不是说这个人放荡，它仅仅表述一个人对随意性关系的接受程度。风流指数高的人，有点儿像花花公子，认为没有感情的性是可以接受的；风流指数低的人比较传统、保守，认为没有感情的性是很肮脏的，不可接受。

从这个定义和解释来看，风流指数的高低其实跟快车道的倾向是有关系的。研究发现，风流指数这个重要的变量，这个衡量一个人是倾向于采用快车道还是慢车道的变量，居然有高达 50%的遗传率。这意味着，即使一个女孩童年时遭遇父亲缺失不幸，也并不意味着她一定会走上快车道。她还必须有先天条件。换句话说，只有不幸的环境和不幸的基因两者结合起来，才能造就一个出色的“女赛车手”。

最后解释一下题目中的“蝴蝶”是什么意思。这个蝴蝶其实说的是蝴蝶效应，据说一个气象学家打了这么一个非常形象的比方：如果南美安第斯山山谷中，一只蝴蝶轻轻扇动翅膀，很可能在两周之后就会引起美国佛罗里达州的一场龙卷风。在我看来，童年遭遇的这只蝴蝶，它也会扇动翅膀，也有可能引发成年后亲密关系中的一场龙卷风。

荐 书

1.《教养的迷思》（*The Nurture Assumption : Why Children Turn Out the Way They Do*）

朱迪斯·哈里斯著，张庆宗译，上海译文出版社，2015。

父母不是神，而是人，这是在解放父母，也是在拯救孩子。没有这一步正本清源，育儿就永远是一团乱象。

2.《合作的进化》（*The Evolution of Cooperation*）

罗伯特·阿克塞尔罗德著，吴坚忠译，上海人民出版社，2007。

对人来说，合作就是印刻在内心深处的本能。了解合作，在某种意义上就是在了解人性。

3.《性别战争》(*Dr Tatiana's Sex Advice to All Creation*)

奥利维娅·贾德森著，杜然译，中信出版社，2013。

在一个女人的幽默风趣中，了解动物界痴男怨女的爱恨情仇。你会忍俊不禁，为生命的精彩而欢呼。

第三部分　人生尺度：在自我变革中拥抱未来

第九讲

虚拟现实中的真实自我

如果你看过《星际迷航》，你会不会觉得逻辑强大、思维清晰、情绪稳定的斯波克（Spock）正是你的理想型人格？

陈楸帆和你一样，从小将斯波克视为偶像，对科幻和理性深深着迷，奉行理性至上主义。但缺乏人际情感联结，在现实的人类世界，真的会快乐吗？他开始想方设法“丧失理智”。接触虚拟现实技术之后，一种看待世界的全新视角由此产生。或许，斯波克式生活并不一定是最优的？他开始在虚拟中寻找真实的自我，重新体验这个世界，哪怕不合逻辑，哪怕不够完美。

陈楸帆

科幻作家，曾获中国科幻小说银河奖、全球华语科幻星云奖最佳长篇小说金奖等，现任诺亦腾虚拟现实设备公司副总裁。

成为“斯波克”

我从小就是个科幻迷，最早大概能追溯到幼儿园时期。我出生在广东，借了改革开放的春风，我得以看到许多来自国外的科幻影视作品，比如《星球大战》《异形》《侏罗纪公园》等等，但是对我影响最深刻的应该要算这一部——《星际迷航》。

我看的《星际迷航》是原初动画版（*The Animated Series*，TAS）。与现在更像是好莱坞特效动作大片的重拍版不同，当时这个版本非常朴素乃至简陋，它所要表达的精神就是这句话——“无畏地探索前人未曾到达之处”。

《星际迷航》每一集都会展现一个完全不同的文明，当时的我深深着迷于“企业号”的征程，以及随之而来的冒险与思索。大家知道，那个年纪的孩子，对一个作品着迷的表现是什么？是把自己代入其中的某个角色，并将这些角色的行为甚至思维方式带到日常生活里来，比如奥特曼，比如恐龙特级克塞号，比如美少女战士。

而我代入的角色，是斯波克。他是“企业号”的大副，来自瓦肯星。瓦肯星的文明高度崇拜逻辑与理性，并将对于情感的绝对控制作为一种美德。当时的我觉得这样真是太酷了，人终于可以不用受情感的控制了。可我不知道的是，斯波克其实是人类与瓦肯星的混血儿，所以其实他基因里还保留着人类的特质，这让他时常陷入天人交战的纠结中。

当然，把他当成偶像还有另外一个原因，他长得很像一个人，我的父亲。

我的父亲在那个时代应该算是蛮酷的人，他很有好奇心，除了朝九晚五上班养家糊口，还倒腾各种东西，小电器、电路板、装饰画、化学制剂等等，即便现在家里也塞满了各种稀奇古怪的小玩意儿，我觉得我的好奇心可能有很大一部分原因来自他。

说回斯波克。我把自己代入斯波克，用瓦肯星人的行为准则要求自己，慢慢长大。从小我就是一个喜怒不形于色、凡事讲求理性和逻辑的小孩，好处就是老师和家长会觉得这个孩子真乖、真听话，什么都不用操心，所以我基本上处于一个放羊的状态。即便在青春期也没有经历过叛逆的阶段，因为从理性选择的角度去想，如果考试考得好就能得到你想要的东西，叛什么逆啊。当然这好处都是在中国式教育的语境里。坏处就是，你们想想，这个小孩活得得有多累啊！

就这样我上了北大，毕了业，一边是进谷歌、百度，过着某种被构建出来的 IT 精英生活；一边写着科幻文章，出几本书，运气好的话拿一些奖项，有一些粉丝，还能给自己打上理想主义者和文学青年的标签。看上去可以用一个表情包来概括这一切：完美。

用理智的方式丧失理智

可事实却不是这样的。

曾经不止一次有人跟我说：你很完美，你就是一个完美的 psychopath——翻译过来就是“变态”。最近一个说这话的人还拿出一本书来作为佐证，这本书叫作《天生变态狂》，作者是一位颇有名望的神经科学家詹姆斯 · 法伦（James Fallon），他发现自己的大脑结构与心理变态者惊人的相似。当然我朋友所说的变态不是我们日常语义中的那种“变态”，而是一个心理学上的定义——边缘型心理变态，朋友还从书里摘了几句话发给我：

> 与他人缺乏情感上的联系，人际关系流于表面，总是用冷淡和有距离的视角看待事情，情绪缺乏波动，波澜不惊，精通

> 操纵别人仅仅是为了满足自己的愉悦和冒险，伤害别人哪怕只是开玩笑却不自知。

看起来很眼熟，不是吗？

“斯波克先生，我一直崇拜与模仿的童年偶像竟然是个变态？而长大后，我变成了你。”

我感觉受到了一万点伤害，如果无法理解他人的情感，建立深刻的联系，怎么能够去爱与被爱，又怎么能够写出动人的作品？所以在我的作品里有好几篇关于镜像神经元与同理心的科幻小说，那是我在试着自我探索与诊疗。我也咨询过一些心理学专业的朋友，他们说：你要恢复对于自己真实情感的认知与知觉，学会不用理智去控制，让它自然流淌。

可是，你知道让一个过分理智的人丧失理智有多难吗？

我尝试了不同的方式，但是一到关键时刻，斯波克先生就会跳出来告诉我，要理性，要逻辑，要酷。

可这一点都不酷。

直到 2014 年，这一年对我来说是一个人生分水岭。在这一年，我接触到了以往只在科幻小说里读过的虚拟现实技术，并决定投身这一行业。同时，虚拟现实体验让我重新思考人生，它给了我一个全新的视角，一个科幻式的、未来的视角。我人生的两条线索开始由平行慢慢靠拢、相交。

我在想，能不能用一种理智的方式来丧失理智？

从柏拉图的洞穴说，到埃隆·马斯克说的“我们只有十亿分之一的可能性是生活在基础现实里”，对于现实世界是否只是另一种虚拟，无数的小说、电影都已经讨论过，但似乎大部分人都会认为，这种讨论的意义仅仅是在技术哲学的层面，因为问题无法被证伪或证实，它便与我们的日常生活无关。

但是，作为一个“变态”，我不这么认为。

让我们来做一个“如果……怎么办”（What if）思想实验，这也是科幻的本质所在。

如果我们所生活的现实是虚拟的，那么最大的可能是，我们生活在一个没那么先进的“历史版本”里，在这个低版本的虚拟现实里，我们有的只是 Oculus、Sony、HTC，当然还有诺亦腾的虚拟现实技术，从未来视角看，这些都相对原始。

但在我们真实肉身（如果到时候还有肉身的话）所在的世界里，也许是版本 2600，那个世界里的虚拟现实技术与现在的技术是同源的。那么，我们能够得出什么样的推论呢？我们在现有的虚拟现实里为了提升体验所做出的种种努力，对于我们在那个现实世界里提升体验有着同样的借鉴意义。

虚拟现实之美

当我们将生活理解为一种虚拟现实之后，这种认知视角上的转换，会带来行为上什么样的变化？也许对每个人来说都不一样，但对我这种“变态”来说，这种转换让我以一种理性的方式接受了这样一个事实：我以往所崇尚的斯波克式生活并不一定是最优的。当然，“最优”这个词本身就带有死理性派的色彩，那么我们换一个词，最美。

举三个例子。

朦胧之美

“granularity”的意思是“粒度”，是专业名词，我给它起的中文名字叫“朦胧之美”。还记得斯波克被柯克船长调戏是“活的计算机”，对于我这种人来说，时刻处在信息焦虑的状态，恨不得在做每一件事之前都要收集足够多的信息，才能做出最后的决策。写作也是，往往需要逼迫自己停止素材搜集，否则永远都动不了笔。就好像一个视力特别好的人，能看清所有的细节，但不一定能感受到美，甚至过多的细节会影响你的心情，阻碍你的决策。我是一个视力特别好的人，走在路上往往能远远地看到别人，别人却看不到我，这时候我便会陷入一种焦虑，是主动打招呼呢，还是装作没看到？类似的烦恼无穷无尽。

而当我第一次戴上虚拟现实眼镜时，却发现它遵循另一种看待世界的方式。

首先，我不需要看到完整的世界。我只需要看到眼前大约110度的视角范围内实时渲染的双目视差图像，对于大脑来说，那就是整个世界。

其次，我不需要看清视野里的每件物体。通过眼球跟踪和动态模糊技术，我只需要看清聚焦范围内的图像，离此区域越远，则分辨率可以越低。

最后，我不需要一个完全拟真的世界。大家可以看到这些低保真风格的画面，与我们所习惯的现实主义风格相去甚远，但当你沉浸其中时，这个低保真的世界所带来的美感丝毫不差，甚至因为省略了许多不必要的细节而显得更加纯粹，带来更强烈的情感共鸣。

为什么在虚拟现实里要这么做？很简单，受限于芯片的运算能力。回到我们的思想实验，在现实生活中，我们的大脑同样存在这样的局限性，我们不需要那么多的信息，也不需要每个细节都做得那么完美，通过对输入端的信息粒度进行更加聪明、更加经济的管理，可以减少我们的认知压力。

比如我自己的最小行动，我已经基本不上微博，不看朋友圈，甚至不接陌生电话，不看短信，通过有意识地减少低效信息的接触，来提升生活质量。我相信如果真的有很重要的事，别人一定能找到我。同时，也不必追求每一件事都做得特别完满，不必对外塑造一个完美偶像的形象，那会让我们的生活变得特别不美好。

交互之美

斯波克所属的瓦肯星人，每 7 年就有一次所谓 Pon Farr 的生物学周期，在这期间，欲望将占据他们的头脑，剥夺他们的逻辑思考，使他们变成毫无心智的野兽，本能将驱使他们交配或者战斗。听起来是不是很刺激，在《星际迷航：下一代》第三季中有一集，老皮卡德和斯波克的父亲心灵融合之后，差点儿被瓦肯星人汹涌的情感击溃，所以瓦肯星人并不是真的没有感情，而只是刻意用理性压抑情感，保持与他人的距离，以维护人格和精神上的独立性。

对于我来说也是一样的，我对人非常和善，但是经常会保持距离感，因为我害怕距离太过接近会跟别人产生依附，这会造成我丧失独立性。同时因为过度理性，我会觉得很多社交场合是不必要的，所以我希望自己一个人能够把所有的事都干完，如果有什么问题，咱们线上解决就行了。

但在虚拟世界里，我充分感受到了这种生存方式的不合理性。

> 在现实生活中，我们不需要那么多的信息，也不需要每个细节都做得那么完美。

当你戴上头显设备，以第一人称视角进入虚拟现实时，如果仅仅是观看，并不能产生很强的真实感。这事实上就是林恩·贝克（Lynne Baker）自我觉知理论中所说的弱第一人称现象，它并不足以区分自我与非我。只有当我能够用视线、语音、手势或者其他任何方式，与虚拟环境或其他主体产生互动时，我的自我及本体感才得到真正的确认。而只有通过一次又一次的交互，置身其中的个体才得以形成连续性的感官刺激，才能生发出富有意义的情感波动。

我还发现一个有趣的事实，不管是多简单的游戏规则，比如吹气球或者俄罗斯方块，当你只有一个人玩的时候，与跟两个人、三个人、四个人一起玩，乐趣是完全不一样的，随着不同个体的加入，趣味以乘数的倍数递增。人与人之间的交互会碰撞出新的游戏规则，激发情感上的不同反应，会增添许多的不确定性和可能性。

于是我开始尝试改变以前总是过于独立的做法，去和别人进行深度的、有质量的连接，比如每个月去线下见一个朋友，进行一次有质量的长谈，用自己的生命故事去换取对方的生命故事。我把这个过程称为创作式的交流，我希望这种交流能够带来更美好的生命体验。

体验之美

在我自己的想象中，我是斯波克，是终结者，是钢铁侠；但在别人眼中，却是——面瘫，所有照片几乎都是一个表情。

不光是面部表情，我的身体动作一直以来也很僵硬紧张，缺乏动感，大学里学过一学期街舞，在毕业演出上，老师严肃地问我，你真的上过课吗？我再次感觉受到了一万点伤害。我想我并不是一个善于用肢体语言进行表达的人，同样，我对他人的肢体语言解读能力也不太行。

从具身认知的理论来看，其实这跟我的过度理性有关系。人的面部表情和身体的姿势，对于诱发情感以及对情感信息的加工，有着非常深刻的影响。我的身体就像被质子束缚住了一样，我没有办法用一些夸张的动作去表达自己。

而虚拟现实通过一种让身体缺席的方式，使我重新觉察到它的存在以及重要性。每个人都有身体，我们通过身体与外部世界

> 我们所构建的世界图景绝大多数来自身体，而非单纯的意识本身，是身体塑造了我们的思维，而不是相反。

互动，进行信息的获取、思考、反馈和行动，但当这种嵌合变得司空见惯时，我们往往会忽视甚至无视它的重要性。

当我戴上头盔之后，我看不到自己的身体，虽然体感还在，却与视觉中的现实世界失去了联系。我感到恐慌，不敢随意移动身体，生怕撞到墙，也判断不准手与具体物体之间的距离和位置关系。而因为没有了表情捕捉，你无从判断对方到底是高兴、愤怒，还是恐惧。甚至你会发现，不同的人在虚拟世界里，对自己身体的感知是不一样的。

我这才深刻地感知到，我们所构建的世界图景绝大多数来自身体，而非单纯的意识本身，是身体塑造了我们的思维，而不是相反。当你想象自己身处一个虚拟现实中，我们每个人的身体就是一个阿凡达，被处于 2600 年另一个你的意识所操控。这时候其实你需要做的是充分打开你的感官，时时刻刻意识到你自己身体的存在。比如在黑暗里你可以尝试去摸索一些东西，或者你可以现在就试着摸一下你身边的人，给他一点刺激，让他体验到自己身体的存在。

是的，体验，而不仅仅是经历。要用你的整个身体去认知整个世界。

在虚拟中寻找真实自我

对许多人来说，以上这些也许都是不言自明的常识，而对于一个“斯波克”来说，却需要费尽周折，借助这样一套符合逻辑的思维框架才能够说服自己，这样去生活，才更美好。

说到这里，不得不承认一个事实。在我们身边生活着许多个斯波克。不妨问问自己，你是斯波克吗？你是一个活在瓦肯星人和人类夹缝中的“变态”吗？你快乐吗？国外有星际迷考据出，瓦肯星的原型其实就是中国，而在中国，我们给这样的“变态”一个特定的称呼——“成功人士”。

可我并不想成为那样的人。如果我们此时此刻便生活在一个虚拟现实里，那么每一个人应该关心的有且仅有一件事，那就是自己所得到的体验是不是足够美好。

我选择雾里看花而不是巨细靡遗。

> 选择雾里看花而不是巨细靡遗，选择金玉之交而不是点赞之交，选择感同身受而不是置身事外。

我选择金玉之交而不是点赞之交。

我选择感同身受而不是置身事外。

我不敢说自己已经彻底摆脱了瓦肯星人的基因和模因，但是我一直在用自己笨拙的方式努力找回属于人类的情感。哪怕它不符合逻辑，哪怕它不够完美。

我还是选择做一个萌版的“斯波克”。

荐　书

1.《风格感觉》（*The Sense of Style*）

史蒂芬·平克著，王烁、王佩译，阳志平审校，机械工业出版社，2018。

平克从认知科学的全新角度启发了读者和作者，美文何为，何为美文。

2.《虚拟现实》（*Infinite Reality*）

吉姆·布拉斯科维奇著，辛江译，科学出版社，2014。

先驱杰伦拉尼尔混合了自传与技术发展史的超级现实主义风格，也许会引领新时代的到来。

3.《十二个明天》（*Twelve Tomorrows*）

刘慈欣、刘宇昆、尼迪·奥科拉弗等著，韦德·劳什编，陈楸帆、刘壮、胡晓诗译，北京联合出版公司，2018。

一本科幻小说集，集结了这个时代最好的一批硬科幻作者，想象基于当今技术发展轨迹可能引发的种种改变，风格多元而美妙。

第十讲

拥抱非稳态的人生

创造力从何而来？创造的热情如何保持？当命运将我们的轨道一次次拨乱，要如何打破“命运黑手”，重新定义自己？从飞行员梦想家到创业者，路意选择了“拥抱非稳态”的人生。

真正的创造者渴望不确定，拥抱新挑战，但路意说：“想要进入非稳态，光靠一腔热情是不够的。”频繁的生活“暴击”，并不意味着创造力唾手可得，还有可能会颠沛流离、浮光掠影，甚至掉入思想的黑洞。

对路意来说，选择“非稳态”的生活，不仅是结论，更是开始。

路意

Zine 创始人，知名用户体验设计师，《深泽直人》中文版译者。

我的非稳态前半生

我小时候的梦想是成为一名飞行员，而且是战斗机飞行员，很可惜，因为我太高了（190 厘米），高出了他们对身高的标准，所以没有能够实现梦想。到了高考时，我想，当不了飞行员，那我可以去设计飞机吧？于是就填报了飞机设计这个专业，但命运再一次捉弄了我，阴差阳错把我调配到了一个指挥飞机的专业——空中交通管制。

大学的前两年我都很无奈，因为这并不是自己喜欢的专业。后来我开始改变这种状态，自学考上了电子系的研究生，毕业后进入了 TMT 行业（Telecommunication，Media，Technology，即电信、媒体和科技行业）。起初我是做算法研究，在图像编解码领域写了很多代码。但写代码之余，我发现当时我们国内的设计水平还没有国外那么好，日美欧的产品无论是外观还是界面都比国产的更漂亮。作为开发者，看到这样的现象心里很不是滋味，我想改变这种情况。如何改变呢？只写代码肯定是不行的，所以我

> 杰出的创造者身上都有这样的特质：并不满足于已取得的成绩，不断跳出原来的舒适区，去挑战自己。这种状态就是非稳态。

决定转行去做设计。

那时候我已经写了两年代码，而且在部门里也得了很多奖。所以当我提出转岗的时候，我的领导不太理解我为什么要改变职业方向。而且转行之后，我还需要花很多的时间补课，经常学习到晚上一两点才睡觉。身体的疲惫加上不被理解的压力让我那段时间确实过得非常辛苦，但当你是内在动机驱动的时候，这些辛苦并不算什么，因为你知道这是正确的方向。

我在设计行业工作了 6 年，也当过管理者，业绩非常好，但因为在公司中更多的是按照客户的要求去做开发，而不是做自己的产品，所以总觉得缺了点什么。工作越久，这种想法越强烈，最终我下定决心一定要做一款属于自己的产品，所以在 5 年前，我出来创业，成了一名创业者。

从前，总觉得自己命运不济，因为自己童年的梦想总是一再被阻，而现在才觉得，这可能才是自己的命运之路。我是属于那种喜欢折腾、不断跳出舒适区才会觉得更舒适的人。这种在别人看来十分曲折和“颠沛流离”的生活，却正是我所钟爱的生活方式，因为这才是一种属于创造者的生活。

我研究过大量杰出的创造者，发现他们身上都有这样的特质：并不满足于已取得的成绩，不断跳出原来的舒适区，去挑战自己。这种状态就是非稳态。当自己的生活永远处在一种非稳定的状态，我们才能将更多的创造力呈现出来。

很有意思的是，在物理学里面也有这样一个概念，叫“非平衡态”，这是一个很有名的化学震荡反应，即一般的溶液在静止时很安静，但这个溶液达到一定的边界条件之后，会呈现自发的周期性的图案，并且一直延续下去。

生命也是如此，它是从无序中产生出有序。薛定谔在《生命是什么》这本书里说过，生命就是从周围环境中吸收负熵来维持生命机制。

进入非稳定的关键点

要保持创造力，必须让生活不要变得那么宁静，应该拥抱挑战，进入非稳态。但是要想进入非稳态，光靠一腔热情是不够的，你还需要注意下面 4 个关键点。

吸收“知识负熵”，提升“认知链”层次

经常有人说“知识就是力量，是我们的精神食粮”，这种认知跟食物链是很像的：最顶层的捕食者捕食下面的生物，吸取它们的养分成为自己生命的一部分。而我们作为知识的创造者，也必须进入知识生态链的顶端。就像我们人类一样，发明长矛和弓箭是为了可以猎杀比自己体形大得多、速度比自己快得多的动物；发明火是为了吃更多食物；我们人类变成了一个杂食者，并不只捕食某一类植物或者某一类动物。

作为一个知识学习者，我们也应该敢于捕食各种知识食物，什么知识都要去学习，尤其是对自身来讲跨度非常大的知识，比如计算机科学。我们要去学习相关教材，完整地认知这一学科，我们要吸收这种庞大学科里面的养分，变成自己的东西。同时，我们也不要拒绝在网络上传播的碎片化信息，它们其实也是一种知识、一种信息。总之，在学习方面，我们需要提升在“认知链”中的层次，不断地去吸收周围的知识负熵，包括碎片化知识。

再举个例子。我之前翻译过一本深泽直人的书。深泽直人是非常有名的日本产品设计师，他先是在日本做了 8 年的工业设

> 我们需要提升在“认知链”中的层次，不断去吸收周围的知识负熵，包括碎片化知识。

计，但他认为现在的工业设计只追求功能和造型，这是不正确的。于是他放弃了职位去了美国，加入 IDEO 公司。当时 IDEO 推崇一种设计方法，就是现在我们国内的用户体验设计。这种设计方法基于用户的研究，需要和市场分析团队以及一些技术团队一起协作。

深泽直人在 IDEO 工作了 7 年后，认为 IDEO 的设计方法也有一些问题，在那里你要不停地再生产新的产品，或者要专门强化这种设计来吸引用户，但是并没有关注到用户个人的感受。于是他就开始结合日本文化去研究一些东西，包括吉布森那本非常枯燥的《生态心理学》，他把生态心理学的理论用在设计里面。他认为设计就应该符合人们的认知、行为、文化和习惯，用最少的设计完成任务。所以他跟其他的设计师不一样，最终形成了自己独特的风格和理念，也就是大家现在熟知的“无意识设计”。

> 我们可能会迷信权威，还可能会迷信经验，这些东西都会将你推向深渊，让你不能去探索自己的知识体系。

行走在“思想黑洞”视界之外

我们在学习的过程中经常会遇到另外一个问题，就是会陷到一些“思想的黑洞”里面。什么叫“思想的黑洞”呢？就是我们迷信这种理论，认为这种理论没有任何错误，适用于万物。我们可能会迷信权威，认为某个权威说的话一定对，是不需要去验证的；我们还可能会迷信经验，认为已经很多人做过，他们都没有成功，所以自己做也不会成功。

这些东西都会将你推向深渊，让你不能去探索自己的知识体系。我们需要避开这些“思想黑洞”，行走在这个视界之外，因为一旦进入这个黑洞的视界，你就没办法逃离了。

再举个例子——莱特兄弟。大家都知道他们发明了飞机，事实上他们的学历并不高，都没有大学毕业，而且在当时研究飞机是一个大热门的事情，就像现在的人工智能一样，但大多数研究飞机的人都失败了，反而是这两个大学没有毕业的人成功了。

为什么？后来人们总结了他们成功的原因：第一，他们去学习了空气动力学所有相关的知识和理论；第二，更重要的是，他们发现当时航空领域权威专家给出的机翼的模型数据居然是错误的，这样制造出来的机翼当然会有问题。所以他们发明了一个小型的风洞，然后用了两百多种机翼模型进行测试，掌握了第一手的机翼数据，经过多次改良，最终他们成功了。这个例子告诉我们，我们需要用实事求是的态度去验证权威，避开“思想黑洞”，实现看似不可能的创造。

锻造充斥矛盾观念的熔炉

我们现在的生活非常多元化，每个人都有自己的观点，其中不乏大批持有“非对即错”“非黑即白”观点的人，但这种态度可能会阻碍我们去发现更多的可能，因为我们的大脑既有理性又有感性，它本身是一个充满矛盾观念的熔炉。

举一个例子，现代物理学里面的量子理论就起源于一种矛盾现象。当时，人们发现了光的波粒二象性，这在当时是一种很矛盾的事情，一种东西，怎么可能既是波，又是粒子呢？但就是从这个矛盾的状态里面人们最终发现了量子理论，这个发现对我们的生活影响非常大，它完全打开了一扇全新的窗户。所以面对矛盾，不要简单地去否定，而是应该从矛盾里发现机会。

再举个例子。大家如果玩过纪念碑谷的话，就知道这个游戏是在向荷兰画家埃舍尔致敬。埃舍尔的画风充满了矛盾，他可以在一个有限的平面里建造出一个立体的无限循环的状态。比如他非常知名的画作《瀑布》，你看的时候会发现水既可以向下流，也可以向上流。

这当然是违反物理学定律的，所以很多人接受不了，但就是这种画形成了他独特的风格，你一看到类似的画就知道是出自埃舍尔之手。而且很多人不仅不反感，还非常喜欢他的画，这其中就有很多数学家和物理学家，比如罗杰·彭罗斯、杨振宁都曾向埃舍尔致敬过，还有《哥德尔、埃舍尔、巴赫》的作者侯世达，甚至还编著过两本介绍埃舍尔的书。

创造承载知识的“时间晶体”

最后一点，也是最重要的一点：作为一个创造者，必须要有载体。这个载体并非是读了很多书，或者学了很多知识，而是一定要有一个作品，我把这个作品称为“时间晶体”。“时间晶体”是什么？它就像现实生活中的晶体一样，在某一方向上周期性地出现，它可能是一个产品、一幅作品，也可能是一本书或者一个理论。纵观我们人类历史，可以发现这些文明中的“时间晶体”都承载了创造者们的知识和创造力。有的晶体的周期可能只

> “时间晶体”可以承载创造者的知识，
> 穿越时间，到非常久远的年代。

有 1 年，有的可能是 10 年，而我们所说的经典，它的周期可能是 1000 年。作为创造者，应该努力去创造这样的事物，即便是从周期只有 1 年的“时间晶体”开始。

假设有人问：我的作品没人看怎么办？在这里我举一个例子——大家现在都熟知的陶渊明，他流传下来的作品并不多，总共也就 120 多首诗，12 篇散文。现在人们认为他是一个非常有名的诗人，但是在陶渊明所处的东晋时期，他并不有名，甚至在他死后 200 年的南北朝时期都不受人重视，因为当时人们普遍追求华丽的辞藻，陶渊明写的那种平淡的诗没人欣赏。直到他死后 300 年，在唐朝他的诗才重新被人发掘出来。然后从唐朝开始，唐宋明清，越来越多的人开始欣赏他的作品。“时间晶体”的意义就在于此，它可以承载创造者的知识，穿越时间，到非常久远的年代。

知行合一的“非稳态循环”

所以，我们需要拥抱非稳态的生活，不断跳出舒适区，达到更高的层级。这其实就是一个循环：我们创造作品，挑战自己的极限，然后去创造另一个作品，并在此过程中吸收知识。

这就是知行合一的过程，我们要开放性地吸收“知识负熵”，提升“认知链”中的层次，然后行走在“思想黑洞”的视界之外，继而锻造充满矛盾的“观念熔炉”，最后创造出传承知识的“时间晶体”。

我相信，当这个“非稳态循环”的飞轮转动起来的时候，它会越转越快，最终让我们达到自由的灵魂状态。

荐　书

1.《怎样解题：数学思维的新方法》（*How to Solve It：A New Aspect of Mathematical Method*）

G. 波利亚著，涂泓、冯承天译，上海科技教育出版社，2016。

假如把解题改为工作，或者做项目，或者做产品，其实都是一样的：仔细理解题目（需求），判断什么是未知量（工作目标和关键问题），什么是已知条件（需求范围与各种约束），解题之前画草图帮助理解（抛弃原型帮助深层理解需求），解题之后要审视解题过程是否可以有改进（经常复盘和反思），对公式进行仔细的检验并与其他同类问题进行类比，产生关联变成自己的知识（对理论进行实践检验并对同类需求和产品进行类比思考）。

总之，对于那些希望工作更有效率、事半功倍的人来说，这本书应该是非常值得一读的，介绍了一种很好的工作方法。

2.《自私的德性》(*The Virtue of Selfishness*)

安·兰德著，焦晓菊译，华夏出版社，2014。

安·兰德的一本小书，却让我建立了一个商业伦理观：好的商业应该如同生命那样，能够自己造血，让自己生存下来，并与周边组织互惠发展，而不能纯粹利他。

3.《静谧与光明》(*Between Silence and Light*)

约翰·罗贝尔著，成寒译，清华大学出版社，2010。

一本总结美国建筑设计师路易康设计思想的书，我第一次了解到设计师应该不仅要考虑光线，也要考虑阴影，不仅要考虑自己的设计意图，也要考虑建筑材料自身的意愿。总之，在设计中需要考虑互为矛盾和冲突的各个方面，是我受益最大之处。

第十一讲

我的职业是认知代理

事物用名字传递信息，人类也唯有通过它才能认知事物。名字的好坏，对个人来说也许仅关乎发展机会的多寡，但对于商业品牌来说，李雪淞认为：“这是生死的问题。”

商业生死搏斗间，名字该如何承载一个品牌？什么样的名字更利于记忆和传播？这背后的认知科学原理又是什么？李雪淞讲述他和名字之间的故事，分享了20年不断求解的过程。他说：大道至简，答案只有一个公式。

李雪淞

红鹤中国集团创始人，知名地产营销专家，认知品牌学开创者。

北漂 20 年，我给北京起名字

20 年前的一天，我挤上了一辆绿皮火车，随着车门关上，就再也没有容纳任何一个人的空间。绿皮火车缓缓行驶，我就这样一路颠簸来到了北京。迄今为止，我已经北漂了 20 年。在这 20 年里，我和伙伴们干了一件非常有意思的事，就是给北京起名字。

下面这张地图里密密麻麻的标记，就是我们为这个城市贡献的 150 多个地名，所以有时我们会戏称自己是“第二地名办”。

2007 年，我们为任志强先生的豪宅起名字，也就是大家现在看到的“裘马都”。当时我们在《论语》里面采集到这样一句话“乘肥马，衣轻裘”，“裘”指皮，“马”为宝马，“裘马”是指生活富裕的上层人士，而“都”是都城，所以“裘马都”反映了那个时候上层阶级的风貌。

这个名字最后获得了 2007 年《中国房地产报》年度命名评选的第一名，而且很大程度上提高了该地物业的价值。现在这个名字已经从一个房地产的案名，变成了一个地名，并出现在公交站牌上面。这个转变意味着什么？意味着这个地名至少将影响社会和社区 70 年的时间。你想想，这 70 年中会有多少孩子在这里出生？他们会被这个名字潜移默化地影响。

2006 年，我们创办了一本杂志，名叫《沟通》。在当年，这是一本在文化圈有一定影响力的杂志，不过后来停刊了。当时，我们在上面发布了自己的研究报告——《中国未来地名报告》。我们把当时北京所有社区的名字全部做了统计分析，发现其中绝大部分名字来自欧洲和美国，还有一少部分来自日本，但是没有一个名字来自我们的母亲大地非洲——人类 6 万年前走出来的地方。这让我们意识到一些什么事情。

我的职业是认知代理

认知品牌学的最小单位——寻找心智地标（mind mark），这个模因最早来自阳志平老师的启发。寻找心智地标和命名有关系，而商业上和名字关联最大的是什么？品牌。

谈到品牌，有各种各样的说法，学术界也有非常多的定义，这里提供一个最简洁的定义——瞬间联想，也就是当你看到一个品牌的时候，脑子里的第一个反应是什么。

而名字又是品牌当中最重要的核心资产，我们放到一个具体的语义网络里面来看。我们是 ofo 小黄车的战略咨询机构，负责品牌的顶层设计。我就以小黄车为例，谈谈它的名字。

先来看小黄车的英文名字。ofo，大家可能已经直觉化地意识到，这是一个视觉编码，也是直观拟象。再来看它的发音，很多人按照“o-f-o”三个字母分开的方式读，也有人按照“o-fo”这样的方式去读。

这样的争议不仅存在于用户中，也存在于 ofo 企业内部。一部分人认为 ofo 是视觉符号，两个 o 应该分开读，包括创始人戴威也这样认为。但随着海外员工越来越多，他们发现那些以英文为母语的员工会天然地拼读成“o-fo”。这样在公司内部就分成了两派，在我们进入之前没有人能解决这个问题。这在品牌营销里是大忌，因为你的认知是不稳定的。想想我们人类为了稳定性付出了多少代价？我们甚至专门发明了宗教去解决稳定性问题，所以读音必须稳定。

最后我们选择了谁？我们选择了“o-fo”。

为什么？有两个理由：第一，小黄车是一个走向全球的企业。随着 ofo 进入越来越多国外的城市，必须要面对外国人的认知习惯。他们的认知习惯无法更改，所以我们必须要统一，这样才能带着资金，带着产业链和商业模式一起出海，形成中国原创对于世界的贡献。第二，“o-f-o”是四个音节，而“o-fo”只有两个音节，发音更简洁，更利于传播。

好了，让我们层层剥笋，再看中文部分。之前他们的名字叫“ofo 共享单车”，人们很奇怪为什么叫“共享单车”呢？共享单车不是一个行业吗？对啊，颜色都快不够用了。

其实 ofo 是第一个创造共享单车模式的企业，要比摩拜早一年的时间。但是城市居民先认知谁？摩拜。在他们心里面摩拜是第一个出现的。这其实反映了品牌学上的一个理论——事实真相不是最重要的，认知才是最重要的。要改变初始的认知非常难，这在心理学上被称为“首因效应”。

所以“共享单车”变成了品类的名字。什么是品类名字？就是当人们发现一个新事物的时候，第一反应是分类：这是什么？是做什么的？第二反应是评价：这东西怎么样？好不好使？

人类是天生的分类专家。如果我们不帮客户分类，客户会自己强行分类。如果客户始终分类不了，始终处于不确定中，那么他就会非常难受，会导致企业的传播效率非常低。

那么将品类作为名字好不好呢？既然共享单车已经被我注册，那我是不是就应该霸占这个品类名字呢？错了。一个品牌即便将品类名注册了，也始终无法独占品类认知，反而会造成另一种现

> 从品牌学角度来说，事实真相不是最重要的，认知才是最重要的。要改变初始的认知非常难，这在心理学上被称为“首因效应”。

象——认知吞没。也就是说，当你说“我是共享单车”时，别人的第一反应是“你是哪一家共享单车？”你照样不能实现品牌识别性。

这个时候你会发现原本的“共享单车”无法使用了，那么直接去掉中文，只留下英文 ofo 不也挺好吗？只有三个字母，很简洁。但你要明白，这是一个大众产品，是连街边的老太太都会用的产品。很多人即便知道读音也叫不出来，因为中国人的心智是由中文组成的，读英文不自信。

所以我们就把“共享单车”换成了现在大家看到的“小黄车”。但是小黄车不是我们想出来的，也不是品牌商想出来的，而是老百姓叫出来的。这个过程其实是视觉物体的特征提炼。ofo 创始团队通过形状特征来提炼，那老百姓呢？通过颜色。

> 一个品牌即便将品类名注册了，也始终无法独占品类认知，反而会造成另一种现象——认知吞没。

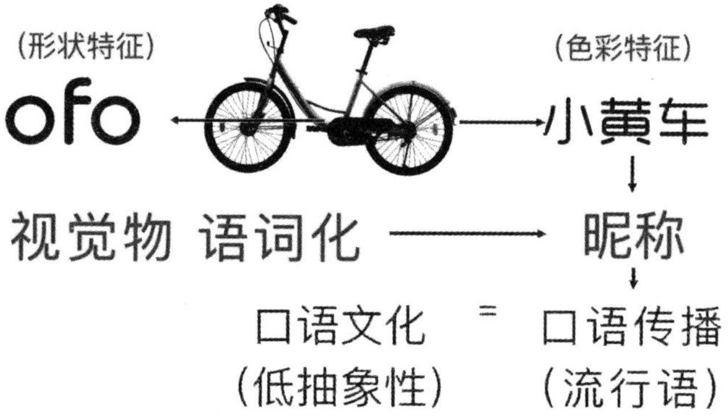

对 ofo 的品牌认知

仔细思考，叫“小黄车”顺理成章，但你很难发现市面上有“小橘车”这样的叫法，因为橘色不是主要色谱，它的认知并不广泛。主要色谱只有红黄蓝绿这四种，其他颜色都很难成为心智色彩。所以说，第一个进入市场的时候就占据黄色是一个非常牛的策略，虽然选择这种颜色并不一定是有意而为的。

> 口语文化里面有一个很重要的特征，叫低抽象性。一旦你的抽象程度高了，传播的人群马上就小了。

所以，当我们获知大众用“小黄车”这个昵称来称呼 ofo 共享单车时，我们就把这个昵称合法化了，明确为它的中文名字。使用昵称有什么好处呢？有利于口头传播，比如所有的流行语其实都是由昵称形成的。认知语言学以及传播学中有大量对口语文化的研究，即在文字出现以前人类认知是怎么回事。口语文化里面有一个很重要的特征叫低抽象性。一旦你的抽象程度高了，传播的人群马上就小了。所以说影响力大的好书往往是什么样的？往往是深入浅出的。

品牌名与商业竞争

这样更改名字有什么好处呢？好处很明显，能够帮助你成为市场的第一名。

第一重不重要？我认为在商业竞争中，这是生死问题。举个例子：世界最高峰是什么？珠穆朗玛峰。第二名呢？马里亚纳海沟是最深的海沟，最深处为 11034 米，那第二名的海沟呢？杨利伟是第一个走向太空的中国人，第二个是谁？回答这些问题的时候你会发现，人们往往知道第一，但知道第二的很少，更不用说第三了。

也许你会反驳：不对，很多领域里我不仅知道谁是第一，谁是第二，我还能排到第四、第五。好，这跟什么有关系？跟关心度有关系。像山峰、海沟这些离我们生活很远的一般性常识，使用率、重要度都不高，所以记不住很正常。而伴随重要度的上升，实际上你是可以记得更多的。这符合人类记忆规则。记忆研究里有一篇经典文章叫《神奇的数字 7》，讲的是人类的工作记忆中最多只能记住 7 个左右的模块。而在认知品牌领域里也是同理，我们会较少地去占据记忆资源。

这时候我们会发现一个有趣的现象，也是某领域内的第一、第二经常会做的一件事情——开撕。这在之前提到的情景里面不可能出现，因为山峰是不可能掐架的，但企业是活的，人是活的，所以他们可以撕。为什么撕？因为这样可以极大地引发社会关注。所以，在社会上常见的第一名和第二名之间的友谊对抗，是一种强有力的品牌营销行为。通过撕，他们会极大地拉开与第三、第四、第

> 社会上常见的第一名和第二名之间的友谊对抗，是一种强有力的品牌营销行为。

五之间的差距。这样的事情比比皆是，比如牛津大学和剑桥大学喜欢干什么？搞赛艇。他们这样一比，那还有第三名什么事呢？

也许牛津、剑桥离我们有些远，那么来看一个近一些的例子："滴滴"和"快的"。这两个名字哪个好？都觉得"滴滴"好，为什么？因为"滴滴"是声音编码，而"快的"是语义编码。因为编码方式不同，所以导致脑神经处理这两个信息时的速率完全不一样。大脑处理"滴滴"时要快很多，而处理"快的"时要想一下，因为"快"是修饰词，"的"是的士的简称。处理这样的信息时看似只有几毫秒的差距，但是放到社会层面累积下来，这个差距就很不得了。

假定现在"滴滴"输了，而"快的"通过其他方面的努力赢了，现在要收购"滴滴"的话，通过刚才的分析你会给它什么建议呢？当然是建议它打破自己身为第一的自尊心，改用"滴滴"的品牌。这样一来，事实上还是"滴滴"赢了，那么它赢了之后进行了品牌合并，“快的”不见了。然后呢？Uber来了。这就是品牌里面的阶梯效应——如果第二名被突然取消，就由第三名替补成第二名，人类的脑子里面永远有这样的替补效应。

Uber进了中国以后，还继续用“Uber”这个名字吗？不，它改了一个名字，叫优步。为什么？因为如果叫Uber的话，只能是北上广的少量人群使用它。但这样一改，也带来一个问题，就是“优步”的发音影响到了英文语音——很多人开始念“优ber”，但其实在美国它是念“乌ber”。

后面发生了什么？滴滴又通过资本的力量把Uber收购了。然而，这次滴滴并没有取消优步，尽管实际上它已经把这两个软件的后台完全打通了，但依然保留了Uber的应用软件。为什么呢？因为滴滴吸取了惨痛的教训，要留下Uber用来狙击后面的品牌，防止像神州这样的品牌再次成为第二名。这就是用Uber来做防火墙，形成竞争的护城河。

事后回顾，我们发现这既是一次商业上争夺第一的战争，更是一次争夺心智的战争。在这个过程中，你会发现这就是一个漏斗。这两个品牌花了很多钱，制造了一些声量，但花钱的数量和声量一定成正比吗？不一定。声量大就一定能进入用户的心智吗？还是不一定。这其中有很大的损耗。据保守估计，50%的传播是完全无效的，是被人忽略掉的，剩下的那部分才能转化成市场份额。这个效应被称作“心智份额最终形成认知累积优势”，这个认知的优势和“二八定律”很像，都是认知累积优势的产物。

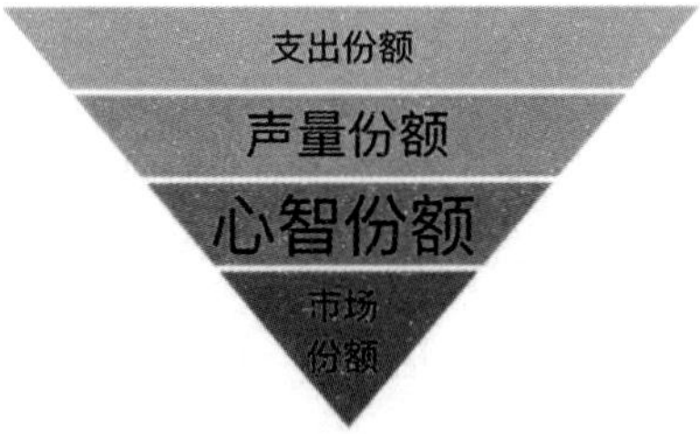

营销漏斗

当分析市场的时候，你会发现第一名的品牌市场份额占到50%以上，第二名占到20%以上，第三、第四、第五等等分享剩下的市场。这种现象我们称为“头部两位效应”（Top 2），也就是在高频低价值的商品里面，基本上只能存活两个品牌，比如可口可乐和百事可乐，第三家基本很难存活。

如何找到一个好名字？

我用了很长篇幅讲名字。了解名字之后要做的，当然是找到一个好名字。比如这个词——“你真坏”。

当你用不同语气读“你真坏”的时候，含义是完全不一样的。其实110年前瑞士语言学家索绪尔（Saussure）就已经发现了这个秘密。他发现语言有两层皮，意符（signifier）和意涵（signified），就是符号和含义。一个符号跨越几百年的时间，它的含义在不断流动变化；而同样一个意思，也是不断地由不同符号来进行表示的，所以符号和含义之间并没有非常紧密的捆绑关系。

很多品牌都是利用了这个原理，比如“叫个鸭子”。这是一个做鸭子及鸭子周边美食的互联网餐饮品牌，非常火，有些女孩子特别愿意用这个品牌调侃别人——“去叫个鸭子吧”。这个品牌利用了大众的语义网络及其隐喻。在我们的方法论里面，我们把语义网络叫作心智地图（mind map），把最有能量的词语叫心智地标。我用两个品牌的例子，来说明心智地标是什么。

先来看大家耳熟能详的苹果。20世纪90年代苹果公司刚刚进入中国的时候，“苹果”这两个字对中国人来讲只是一种水果，苹果品牌并不能给苹果产品带来任何丰富的联想和价值。所以，那时候苹果的品牌含义都来自产品本身——它是一个设计师专用的电脑，非常贵，是美国货，这个公司有一个很酷、很爱美学的创始人……这就是苹果刚刚进入中国的时候，我们的心智地图反应。

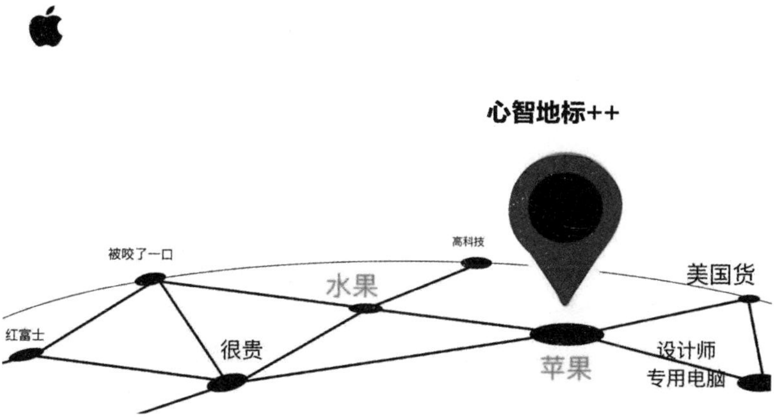

中国人对苹果品牌的心智地图（1997年）

对于美国人来说呢？含义则完全不一样。在美国，这个被咬掉一口的苹果是亚当偷食的那个禁果，是人类好奇心和创造力的源头；同时，它也是砸到牛顿头上，砸出万有引力定律的苹果；它更是图灵去世前吃的那个苹果。所以如何理解乔布斯的苹果呢？它是基督教文明里苹果模因的继承者，这个模因就是好奇心和创造力。

前面是利用好品牌名字的案例，再来看一个反例——BMW。当BMW进入美国市场的时候，在美国人的心目中，BMW这三个字母不能给这个德国车任何力量。为什么？第一，德国BMW的发音只有两个音节，很简洁，而在英语里面BMW有六个音节。第二，这三个字母，对于德国人来讲，B是巴伐利亚州

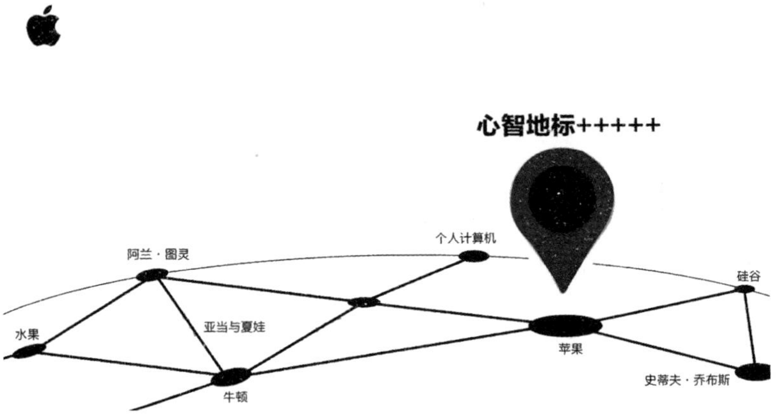

美国人对苹果品牌的心智地图

（Bayerische），M 是汽车（Motoren），W 是工厂（Werke），所以 BMW 三个字母对德国人来说是巴伐利亚州汽车工厂，相当于我们的黑龙江汽车制造厂。但对美国人来说，BMW 不能产生任何联想，完全难以理解，于是美国人给它起了个昵称，叫 bimer。

所以，如果用头文字缩写做品牌，且缩写不能联系上一个有意义的词，那么就不是一个好的品牌名字。因为没有办法引入思想文化资源，用不上语义网络，这样的品牌运作只能是完全靠钱砸出来。

再来看看 BMW 吸取教训进入中国以后有什么不一样的？在中国，它被香港代理公司命名为“宝马”。宝马是良驹，是中国在

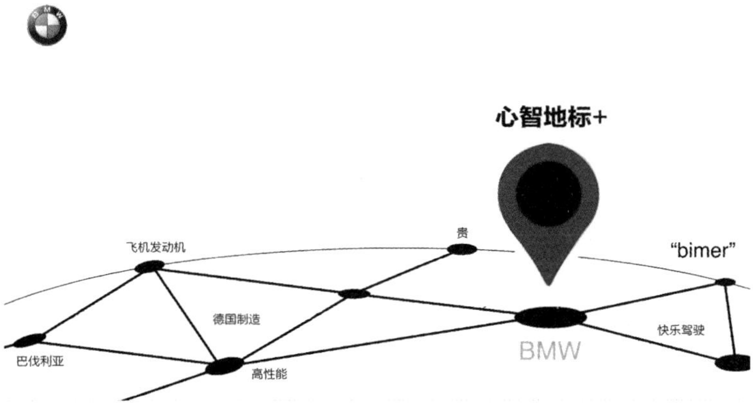

美国人对 BMW 的心智地图

前现代社会的终极坐骑，以及皇帝对有赫赫战功大臣的奖赏，这是至高荣耀和终极座驾的代名词。而且中国人特别喜欢“宝”这个字，比如支付宝、淘宝，为什么？你看宝盖头下面有一个玉，玉是王家的，所以是王字。BMW 用了“宝马”这个名字后，形成了跟奥迪完全不一样的文化资源输入，甚至在很多人心里，宝马的地位是奥迪完全无法企及的。

现在你知道语义网络的力量了吧？我们再举一个明星的例子。冯进财你们认识吗？没听过吧，这个人现在的名字叫冯德伦，冯德伦听起来就非常洋气。

你知道鲁迅先生的本名叫什么吗？不是周树人。周树人已经

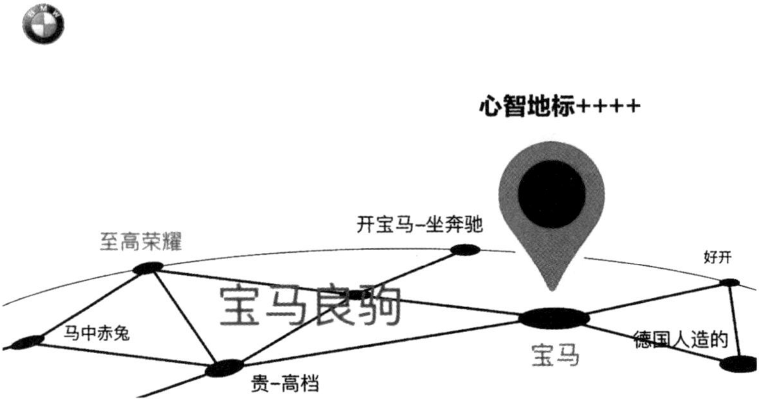

中国人对宝马的心智地图（1997 年）

是他叔叔帮他改过一次的了。他最早叫周豫才。这个名字一听就完全失去了“鲁迅”这两个字所带来的文章批判力度。如果他那时还用“周豫才”这个名字，一定比不上“鲁迅”在今天文坛上的地位。

所以，如果要塑造个人的形象，你一定要先改个名字再说。你的名字是可以改的，我们父母的语义网络是过去式的，不要完全受制于他们。如果他们不同意怎么办？像我一样自己奋斗就好了嘛，自己奋斗就不用看他们的脸色，不要找他们拿首付，这样你就不会吃人嘴软、拿人手短，这也是一种断奶，精神上的断奶。

心智地标公式

无论是品牌，还是个人，起名字都有一套方法，我称之为心智地标公式。

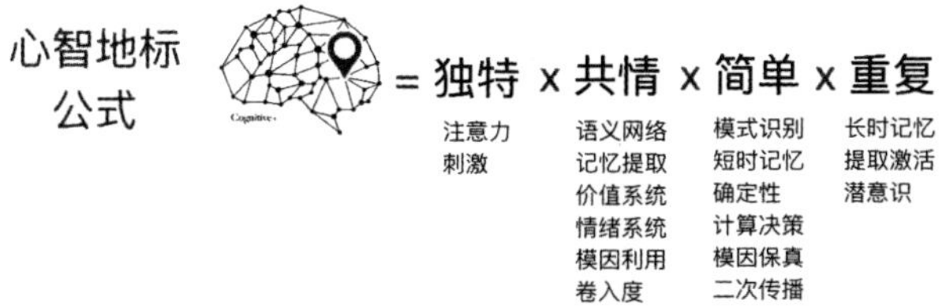

这个公式由四部分组成：第一个是独特。我们的演化系统会让我们把注意力资源分配到新的事情上面，所以只有独特才能利用演化系统来抓取大众的注意力。

第二个是共情，即利用大众的语义网络，利用人们的价值系统和情绪系统，利用社会文化里面的模因，来做记忆提取。这样，共情可以让你有很高的卷入度，就像对于中国人来说，BMW 是卷入不了的，宝马才是可以卷入的。

第三个是简单，就是好识别、好记忆、有确定性、不复杂，这样才能变成模因，才能有保真度并有利于传播。

第四个就是重复。因为重复才有可能使之变成你的模因，方便记忆。

> 心智地标＝独特 × 共情 × 简单 × 重复。独特能够抓取大众的注意力，共情可以让你有很高的卷入度，简单有利于传播，重复方便记忆。

品牌与跨学科

说到品牌和名字，实际上品牌咨询行业这么多年一直受到一个学科的恩惠，那就是心理学。心理学这个底层基础研究学科对我们的帮助非常大，因为它从心智过程和思维过程的角度来解释品牌传播的各个方面，并且在品牌营销学里最终形成一个分支学科——消费者行为学。像我们红鹤内部的方法论里面就有 101 个心理学效应，我们在各种营销中大量运用了认知心理学、社会心理学等学科中的原理。

对我影响比较大的还有演化心理学。这个学科其实是为整个心理学提供更为底层的解释。比如我在前面提到做《中国未来地名报告》研究的时候，发现那么多社区的命名慢慢变成了欧洲的名字，为什么会发生这样的变化？

之前人们认为这是一种经济滴漏效应，或者叫文化滴漏效应，即整个文化是从高阶层往低阶层去滴漏的。这种效应实际就是100 年前凡勃伦（Veblen）在《有闲阶级论》里面提出的炫耀论。而后现代主义文化批评中又出现了像波德里亚和布尔迪厄这样的人，他们提出来这叫文化资本。但这些理论都不如演化心理学解释得清晰。从演化心理学的角度来说，这个可以用高成本信号理论来解释。

这些学科和我刚才提到的文化理论，共同构成了我对品牌营销这个学科的科学认识，最终形成了大家知道的认知品牌学。我时常感慨：在中国营销界，实战中缺乏对于心理学的应用，这个要比美国落后差不多 50 年的时间；中国大学里面最被低估的学科就是心理学；而在我个人这么多年的阅读经历里，我特别遗憾为什么没有提前遇到心理学，而是走了 10 年的哲学道路，读了特别多过时的知识。

20 年前我在北京的一个大杂院里，那个时候我还是个翩翩少年，坐在一个木头梯子上面。经过 20 多年不断地热情创造，终于熬成了一个大叔，但我打造了身后这个更坚实的大梯子。我们将帮助更多人实现梦想，同时也让我们继续在自己的人生道路上一路狂飙。

荐　书

1.《第二自然》(*Second Nature*)

杰拉尔德·埃德尔曼著，唐璐译，湖南科学技术出版社，2010。

获得诺贝尔奖的生物学家写的小书，是我看过的“最薄的”认知科学普及读物中“最好的”。

2.《心智：认知科学导论》(*Mind*)

保罗·萨迦德著，朱菁、陈梦雅译，上海辞书出版社，2012。

这是一份结构非常清晰的课程讲义，介绍了不同路径下的知识和应用成果，是一本简洁、全面的入门书。

3.《语言与人性》(四部曲)

史蒂芬·平克著，欧阳明亮、张旭红、梅德明、袁冬华、郝耀伟等译，浙江人民出版社，2015。

平克的四本书可以算作一厚本。科学深度与文采兼具的洋洋大论，引人入胜，时常令我献上我的3D打印陶瓷膝盖。

第十二讲

慢慢地做一只“四不像”

总有一些时刻，你会发现自己面临一种处境，和周围人的评价标准格格不入，你并不是人群中的大多数，甚至连少数也算不上，以至于无法被归类，怎么都不像一个“正常”的样子，甚至感觉自己是一只“四不像”。

徐毅斐这5年在儿童教育领域创业，也经历过很多这样的时刻。但熬过艰难的时光，在不断的创造和学习中，他慢慢找到了和“四不像”的相处之道，懂得了如何对待孩子、对待他人，甚至还懂得了如何接纳自己和他人慢慢地成为“四不像”。

徐毅斐

斑马骑士创始人，中科院心理所硕士，曾先后任职于西门子研究院、中国移动研究院、创新工场等。

“四不像”在中国其实是挺稀有的动物，它的学名叫“麋鹿”，是姜子牙的坐骑，号称头似马，角似鹿，尾似鱼，蹄似牛。其实，麋鹿是一种很安静、很优雅、很潇洒，并且有一点儿呆萌的动物，人们会很喜欢它。这里分享我和麋鹿的几个故事。

儿童创业之旅

我出生在上海，一直在上海爷爷奶奶家生活。5 岁那年，家里突然来了两个人，有人告诉我这是你爸爸妈妈，我当时完全不记得了。后来我爸解释说，那时候叫你笨鸟，因为当时你头特别大，学走路比别人晚，走路老是摔跤，学说话也比别人晚，到了幼儿园都分不清上午和下午，在这样的情况下，必须把你带到身边培养。所以 5 岁那年，我坐着轮船来到湖北，开始了我的新生活。

接下来的生活其实很单调，大家都说上大学好，于是考上大学；大家都说外企好，于是毕业之后到外企工作；大家都说国企更稳定，于是再去了国企。如果按照这样的人生规划，我应该还是一个很“正常”的人。

但是，31 岁的时候我的人生发生了一个转折。我结束了一段感情，放弃了在国企非常安稳和待遇优厚的工作，放弃了大部分的薪水，去了一个“工厂”，创新工场。在那里，我开始转型做产品经理，从用户体验研究和交互设计转型到了产品领域。

再后来，两个熟识多年的朋友拉我出来创业，我们选择的是儿童母婴行业。但你知道，作为一个 31 岁的单身男人，我和孩子的距离是非常遥远的，所以我当时做了很多产品经理会做的事，我假扮自己是家长去培训机构大量调研，我逛了很多母婴超市，我参加各种各样的母婴展览，买下很多书和玩具带回家。

我离职的事情父母并不知道，所以我偷偷把这些东西藏在我的床底下、箱子里。有一段时间，我的爸妈总是窃窃私语，终于有一天我妈忍不住了，跑过来问我，孩子，你是不是外面有小孩了？我解释了很久她都不相信。就是这个“私生子”的故事，开始了我做儿童创业的旅程。

在这个过程中，我也遇到了很多“不正常”的现象，比如我去见投资人，在 QQ 上聊得非常好，对方说因为自己有孩子，所以想要投我们这样的团队。见面之后，刚刚寒暄几句，他问了我一个问题，你有孩子吗？我说没有，他马上起身准备走，跟我说，他不相信没有孩子的人能做好儿童产品。

当这些不正常的故事都发生在我身上之后，我会去想，为什么会有这些“不正常”？当你的工作和生活里出现不正常的时候，“四不像”这只动物就离你不远了。接下来，发生了我跟“四不像”相遇的第一段故事。

初遇“四不像”：鲸鱼岛的互动

2012 年，我第一次遭遇“四不像”。当时我们做了一个产品叫“鲸鱼岛的冬天”，这个产品创意非常有技术性和理性，当时市面上有很多儿童 App 产品，在我看来基本上都是类似点读笔的互动。

我做过两个手机操作系统，也做过很多人机交互的研究，我知道在移动端上存在非常多传感器，可以设计很多的交互方式。我当时就想，如果把这些传感器和交互方式全部都用上，这样一款交互式产品会不会很有趣?

把这些交互技术都用上——就是这样纯理论纯技术的出发点，我们编出来一个故事，在热带岛屿上生活的小猪想要创造冬天，请你用各种交互方式帮它实现大自然风雨雷电的各种天气。我当时还提出一个要求，产品里不加任何文字说明，也不设定任何关卡进阶。

当这款产品做到一半的时候，合作的朋友评价说，我觉得你这个产品有一点儿问题：这个 App 是个“四不像”。

这是我头一次听到这样的评价。他说，这是绘本吗？不是，也不是动画片，也不是游戏，也不是教育软件，那它究竟是什么呢？如果你想要做一个能赚钱或者能带来流量的产品，都是有明确的做法，而眼前这个究竟是什么呢？

当时我们的执行团队都觉得这个创意很有意思，特别想把它做下去，于是当时没有听这位朋友的话，我们坚持把这个产品做完了。3 月份的时候，我像所有创业者一样，开了简单的发布会，产品正式上线。

之后的市场反应不温不火。为了做推广，我们想了很多办法。比如那段时间的周末，我天天跑到三里屯的苹果店，偷偷把用作展示的苹果 iPad 用自己的账号登录进去，把我们的 App 下载下来，然后假装说，大家来看看，这是一个推荐的产品，你们下载下来试一试。用这种方法确实“忽悠”了不少家长，总共有十几个。但是后来我被“抓”住了，被送到了经理办公室，沟通之后，他们发现原来是一个可怜的创业者，大家表示理解，就原谅了我，然后说，以后别这么干了。我留下一张名片，这件事情就彻底结束了。

互动是人类的天性，好奇心会促使你对所有的东西进行探索。人类在所有的轻轻一触当中，探索未知，寻找未来。

之后几个月，都是一个很平庸的状态。之前我借的一笔钱到 5 月份也彻底花完了。我们内部开会，讨论这款产品做得到底怎么样，几乎所有人都说这是一个勉强及格的产品，60 分。

就在我们很绝望的时候，当我在上海出差被投资人拒绝好几次之后，我接到了一个来自苹果的电话。当时的感觉我都不知该用什么话形容，就像一个马上要饿死的穷小子突然被人选中去做驸马一样。5 月底，苹果官方开始给我们做精品推荐，“六一”当天，把我们的产品放在编辑推荐的首页大图位置展示，还邀请我们到西单的苹果店，面向孩子做一个路演活动。

那时的感觉是到了人生巅峰。虽然还不知道钱在哪里，还不知道下个月的工资在哪里，但所有人都选择继续干下去。那时候我其实一直在问自己两个问题，我究竟为什么做出这样的产品来？它什么地方做的是对的？当时并没有一个很明确的答案。

我当时想，乔布斯做出这样的“大号 iPhone”究竟意味着什么？孩子痴迷于屏幕上的点点戳戳，一岁半的孩子就可以自主完成搜索，找到自己想看的内容，这样的行为究竟对人类意味着什么？我问了自己这样一个很宏大的问题。

当时我的脑袋里冒出来这样一个词——互动。区别于电视或电脑屏幕，手机和平板电脑有可以点、可以互动的地方。小孩子熟悉和屏幕互动之后，再看到一本杂志，或者再看到一台电视的时候，都会去戳一下。互动是人类的天性，好奇心会促使你对所有的东西进行探索，而手指那轻轻一触只是探索的象征、迈出的第一步而已。人类在所有轻轻一触当中，探索未知，寻找未来。

再遇“四不像”：未来之书

2013 年，我又一次遇到了“四不像”这只神奇的动物。那时的我痴迷于一个产品概念：互动动画。我当时认为这是儿童产品中一个相对完美的形态，动画片人人都爱看，加上互动游戏，孩子会更喜欢，同时，用互动的方式我们可以教给孩子很多知识。

带着这样的思路，我们和国内比较著名的知识产权人一起合作，开发这款产品。我带着一个新组建的团队（以前的团队做手游去了），从头做起故事、策划、设计等这些事。

互动动画，简单来讲就是，如果看到屏幕上有一扇门，你用手指划一下，门就会打开。主人公在旋涡里时，你必须不断转动旋涡，让主人公穿梭到时空里，转换到一个新的场景。随着互动环节不断出现，故事得以发展。

这款产品还没做完，我又听到了这个词，而且是来自我的同事。他说，你又做了一个“四不像”，它既不是动画片，又不是绘本，也不是游戏，也不是教育软件，而且这次做的质量比上次还要差。他建议我以后不要做产品策划了，去做首席执行官就可以了。

听到这些话后，我觉得伤害比一万点还要多。我对自己产生了非常大的怀疑，我没有任何儿童教育相关背景，没有小孩，跳到这个行业里面，做出一个被认为是“四不像”的产品，我是对的吗？我真的可以吗？我在思考自己是不是不应该干这件事情，是不是该退出我自己创办的公司？

离开公司的一个多月里，我出去接触行业里的人。偶然有一次，我碰到一个业内很资深的专家，他看到我的这款产品，竟然一拍大腿说，这就是我要找的，没想到你把它做出来了！我说上面还有很多问题，他说这些细节都不重要，重要的是你已经把产品的基本概念、原型实现了，只需要继续打磨完善细节就可以了。我当时真的非常非常感动，就是这样一个肯定，让我重新燃起了信心。

于是我回到了公司，跟当时的团队同事说，对不起，我还要回来，我还要做产品。当然，在这怀疑、思索和休息的一个多月里，我也做了很多反思。

这个互动背后究竟是什么？我们知道是好奇心，但更进一步想，点点戳戳似乎不意味着什么，真正有价值的是通过引导孩子点点戳戳，去影响孩子的行为。如果再进一步，我在故事和教育内容里让孩子学习和反思，这才是有价值的互动。

带着这样的目的，我研究了很多国外的产品。我最喜欢的品牌叫芝麻街，它每做一集动画片或者视频，就会请两三个孩子到实验室来看，用摄像头把孩子观看的过程全部拍下来，周围两个专家，一人拿着秒表，一人拿着纸笔，记录整个过程，孩子在哪里皱了眉，哪里有交谈，哪里有停顿，哪里有转头，都会记下来。然后通过这些反馈，让产品策划团队优化整个设计。而且几十年以后，脑认知科学用磁共振成像研究孩子看芝麻街动画片的过程，发现芝麻街的内容是符合人类认知发展的脑部活动的。

我当时意识到自己缺少对孩子反馈的了解。于是，我也开始进行类似的实验，在 6 个月左右的时间里，我找到一家打工子弟幼儿园，每个周六上午我带着三个绘本，去大中小班把同样的内容讲三遍，然后去体会孩子对这些故事的反馈。有了这些经验，我再考虑这些互动故事该怎么做，怎么实现。

得益于这些研究和思考，产生了后续的产品，叫《皇帝的一天》。这是我们跟故宫博物院一起合作的一款产品，拿到产品招标书的时候，其实只给了我们“皇帝一天的活动”这个主题，以及很多历史文献资料。我们的任务是把它变成一个孩子喜欢的故事，并且能够承载故宫博物院想要传递给孩子的那些准确的文史知识。

我们总结了一套方法论，我们从好莱坞学习什么叫故事的视角、世界观，人物故事该怎么设计，主人公视角怎么引入，怎么让不同背景的观众都感同身受，让观众拥有动力去探索。我们学习怎样设计造型来让孩子喜欢。经验就是，所有东西就为一个字服务——萌。当然这是个很宽泛的概念，很难准确地定义，萌是指你觉得它可爱，有吸引力，想要跟它互动，想要跟它沟通。我们还要探索很多孩子喜欢的游戏，把孩子喜欢的游戏类型找出来，选择适合做知识结合的种类，再放到我们的产品里面去。

为了做出乐趣与知识并重的“一天”，我们花了整整 15 个月的时间。有一半时间，是在和故宫博物院的专家考据，看这个衣服的衣襟该朝哪边开，太监端菜用的是盘子还是盒子等等。我们也不断考量知识在一个游戏中是如何被嵌入进去的。

最后我们形成了一个方法体系的比喻：做孩子喜欢的知识型内容产品，应该把它想象成一个巨大的宫殿，将所有的知识分散在这宫殿的几千几万间房子里。故事的开头、形象就是在门外放优秀的儿童教育产品可以吸引孩子，引起好奇心，引导孩子从本能层上升到行为层，甚至到反思层。

着的有趣的招牌，可能是各种音乐和动画，把孩子吸引进来，然后按照你设计的故事路线，在不同的房间里穿梭，引导孩子去看你想让他看到的东西，再设计一些积分、收集游戏，然后在所有的游戏上反复体现这些知识点，让他不断回到游戏中，一遍一遍学习和复习那些知识。

这样的内容型产品，除了 App 游戏，也包括实体性的玩具。优秀的儿童教育产品可以吸引孩子，引起好奇心，引导孩子从本能层上升到行为层，甚至到反思层。比如说在《皇帝的一天》里，我们可以引导孩子思考：你觉得皇帝一天的生活好不好玩，如果你来做皇帝会怎么做，等等。

我们把这个架构看作是“未来之书”的模型。未来的学习内容，肯定已经脱离现在文本的概念，一定是一种多媒体的、可交互的、虚拟现实的体验。真实空间跟虚拟空间，其实只是一个平行世界的转换而已。我们身处的屏幕和触屏时代，只是过渡。这种未来之书，才是适合未来的内容。

三遇“四不像”：斑马镇上的社交

第三次遇到“四不像”，是 2015 年我做《斑马小镇》的时候。《斑马小镇》是为 5~15 岁孩子搭建的创意分享社区。这次遇到的“四不像”有点儿不一样，这次的“四不像”不是针对我的产品。当我开始进入儿童绘画艺术教育领域时，我调研了很多家长，很多家长都会说自己孩子的作品“画得一点儿都不像”“不好看，丑死了”。面对孩子的作品，家长可能认为小孩只是胡乱涂鸦。每当听到这样的评价，我就仿佛看到一只麋鹿悄悄探出了头。

什么是美？这是我在做这个社区时产生的一个问题，我认为美既具备科学属性，又具备社会属性。

比如我们认为对称是美，或者符合什么样的视觉模式是美，这是科学属性。但社会属性也是不容忽视的，每一代人都有自己认知美的风格。我们看到孩子在他的作品里会画他感兴趣的明星，他的梦境，他看到的生活，他想象中的人。

有些风格不一定是大人喜欢的，或者不是我们能接受的。但是，我们不应该替孩子定义什么叫美，什么叫对；反过来，有一

> 我们不应该替孩子定义什么叫美，什么叫对；反过来，有一种美是他们可以给我们创造的，那是未来之美。

种美是他们可以给我们创造的，那是未来之美。

我还发现很多家长会说这样一句话：电脑绘画不算画画，不算艺术。这只麋鹿露出了它的犄角。对此我想说，有些孩子确实不是把电脑绘画当成画画来看。就像我们看到的画，它不是完全艺术性的表达，而是可能像我们写的日记或者微博上的 140 个字一样，只是我们的一种表达方式——毕竟人类的文明是先有图画再有文字的。

最近我们在做编程创客类的内容，很多家长会质疑："学这些有什么用？"我没有办法告诉他们未来这些是否会有用。我看到这只麋鹿露出了它的蹄子。

第四个问题是这样的：儿童社交社区存在吗？这是我从 2015 年刚开始做这件事情时就不停被问的一个问题。儿童线上社交有价值吗？存在吗？有意义吗？我可以拿这两幅画告诉你，孩子非常渴望别人的点赞、评论，即使它可能是很浅的社交。很多人会非常在乎自己在社交网站上的反馈数据，我相信每个人都有这样的时刻。

这时，当我转身看自己的身后，我看到了这只麋鹿的尾巴。这次遇到“四不像”之后，我对它有了不同的看法。

面对这只动物，第一次的感受是无知的恐惧，或者是无知者的无畏。第二次我会觉得羞耻，我会很害怕别人说我做的东西是四不像。慢慢地，我开始接受她，我开始觉得，也许“四不像”是一件好事，是一种好的表现。现在，我欣然成了它。

接纳“四不像”：给孩子点赞

举个真实的例子，是我们社区中的一个孩子。

这个女孩今年 10 岁，上五年级，家住广东珠海。2015 年 7 月的时候，她创作了第一幅作品，我们看到，第一幅作品并不是非常好，那时候她非常渴望别人给她反馈。她模仿了很多人的作品去练习。一个月之后，她又创作了一幅作品，还不错，我们在社区中推荐了她，得到了 200 个赞。

从此以后，一发不可收拾，她开始拜师学艺，真的在社区里拜了师傅，练习练习再练习，4 个月之后画出了一幅得到 1000 多

> 孩子需要这样一个空间，在这里，他可以跟自己赛跑，可以跟同辈交流，在这里，他的作品不会被人嘲笑是“四不像”。

个赞的作品，从此成为斑马小镇里名副其实的画画达人。10个月时间，500多幅作品，15000个粉丝，可现实生活中这是一个怎样的女孩？我没有接触过她，只是从只言片语中拼凑出这样的信息：她说自己长得不好看，周围的人说她是疯子，爱画画的疯子，因为周围没什么人跟她一样爱画画，她连一支素描笔都没有，可见她父母并不支持她，但是她渴望成为一个服装设计师。

10个月的时间，她在斑马小镇里做到了，她成了我们社区的时尚达人，成了我们的意见领袖。她可以帮助别人设计签名头像，可以设计表情贴纸，开工作室，收徒弟，做自己的漫画连载。

究竟是什么促成这个孩子这样的变化？有人说是科技和成长，我觉得其实就是“点赞的力量”，就是同辈之间的评价。我们每个人都会很渴望父母的认可，但不管父母怎么陪伴、了解孩子，都无法避免孩子的孤独感。每个人生来都有孤独的一面。这个孤独是什么？当你有一个方面没有办法被人理解的时候，你的孤独就会产生。当你在方圆十里、百里之内，连一个可以和你在某个兴趣领域交流的人都没有时，你会感到孤独。但是，网络会帮我们找到那个我们身边稀缺的人。

我访谈过一个孩子，我问她为什么喜欢斑马小镇而不是其他游戏或社区？她说在斑马小镇上大家会给她很多反馈，而在其他（大人出没的）地方，没有人会理她。

孩子们创造出来的东西，就像我自己一开始做的鲸鱼岛，在常规评价里，它可能是一个“四不像”，你可能都看不懂它是什么。但你要知道，即使是个天才，小学生的作品在大人的世界里可能都会泯然众人。这就是我们需要斑马小镇的原因，我们需要给孩子这样一个空间，让他可以跟自己赛跑，可以跟同辈交流，在这里，他的作品不会被人嘲笑是“四不像”。

“四不像”这只神兽无处不在，它出现在生活的各个角落，在你身上，在我身上都会有。当这个“四不像”出现在你的身边时，你可能没有察觉，但是当你发现的时候，如果是在别人身上，我希望你给它自由，给它空间，让它自由地漫步。如果你在自己身上看到了它，我希望你敢于跟它直视，跟它交流，敢于跟它说也许你是我需要的，也许你是我身体中的一部分。

如果在找的过程中，你迷路了，那你可以慢慢地去找，慢慢地去找到那条路。如果你在你的孩子身上看到了它，我希望你去保护它。当看到小孩子画出来“四不像”时，我希望你给她点个赞。

我希望我们每个人都能做到那个你心里的“你”，当你走出第一步的时候，你往往会被人（包括你自己）认为就是那个“四不像”。中国文化是求同的文化，但我希望我们对于“四不像”，对于未来，对于错误，对于可能性，都可以抱着一种更加宽容的态度。因为我们希望，将来我们和我们的孩子，都可以像这只麋鹿一样，自由而坦然地看着世界，看着未来。

荐　书

1.《给孩子的未来脑计划》

魏坤琳著，中信出版社，2018。

科学养育，不是一句虚谈，而是真的。了解孩子大脑的发育规律，可以更好地刺激孩子的各种认知能力。

2.《为孩子重塑教育》（*Most Likely to Succeed*）

托尼 · 瓦格纳，泰德 · 丁特 · 史密斯著，魏薇译，浙江人民出版社，2017。

面向未来，以 10 年为单位来规划做教育，以人的成长作为实验目标，总能灌溉出不一样的果实。

3.《为什么学生不喜欢上学？》（*Why Don't Students Like School?*）
丹尼尔·T. 威林厄姆著，赵萌译，朱永新审校，江苏教育出版社，2015。

这本书代表了认知科学新世纪以来的新进展在K12教育领域的应用，几乎处处颠覆了人们关于学习的常识。虽然是写给中小学教师的，但是完全适用于成人的自我学习。

后 记

这本书是《追时间的人》的延续。

2015 年，我创办了开智学堂（OpenMindClub.com）。它致力于为 24~36 岁的知识工作者提供一流的职业教育。一个成年人为什么发展不好？可能卡在认知，也可能卡在技能。对应开智学堂的课程体系，就是通识教育与专业技能教育。前者，我总结为开智认知学院的信息分析、论证分析、行为分析与决策分析四大课程与核心技能。后者，我总结为黑客学院、增长学院、写作学院传授的编程、人工智能、写作、产品与运营等具体职业技能。

幸运的是，开智学堂从三年前创办的第一天起，就得到了众多老师支持，包括但不限于本书作者。众多老师深度参与了开智学堂课程体系与社群文化建设。就像丁健老师所言："在漫长的旅程中，我们时而迷路，时而转向，时而退缩，时而高歌猛进。如果我们幸运，在某时某刻，来到一个智者汇聚的花园，那么在长期的交互中，这个花园和智者就构成了一个群体心智时空。这样的花园，曾经出现在以前的维也纳，曾经出现在以前的巴黎，如今，它出现在我们的手机屏幕里。"

《追时间的人》是开智学堂这座心智花园盛开的第一朵花。它记录了来自开智学堂的100多位博士与终身学习者，在微信群内长达三个月的高密度脑力激荡。感谢读者的厚爱，《追时间的人》荣登2016年豆瓣好书榜。

樱花开遍，疑是白云落山间。开智大会就是这第二朵花。过去三年，认知科学家与认知科学爱好者们每年欢聚一堂，围绕固定主题，探讨认知科学，达成共识。而这本书，正是汇聚了三届开智大会演讲者们的脑力激荡。

从手机屏幕步入线下大会，从三个月到三年，我们的认知，改变了什么，又没改变什么?

讲一个故事吧。首届开智大会，有一位做金融的小朋友在晚宴期间坐在安替老师旁边，被安替老师说得心动不已，毫不犹豫抛弃了金融行业高薪，加入了安替老师的团队。看似这是一个年轻人被理想感召，踏上英雄之旅的故事。

但是结局不同于所有人的想象。她跟着安替老师在媒体行业创业一年多之后，又回到了金融行业，因为媒体行业的薪资与金融行业差异不小。虽然最终退回去了，但是这段经历，我相信对她的人生有极大影响。

有时候就是通过这种看似浪费时间的职业生涯出轨，会让你更清楚自己真正的动机。

有时候，你会发现你没有想象中的那么强大。

有时候，你会发现你比自己想象中的还要强大。

那么，开智三年，又改变了我自己什么呢？

举办首届开智大会时，我并不清楚开智大会意义何在。当初举办时，还碰到经济上的困难。约好的赞助商放鸽子，我正想顺其自然地放弃，不想，陈虎平老师力挺，二话不说，立即捐赠几千元，并劝我发起众筹。短短15分钟内，收到开智各位老师众筹数万元。不少老师还在感叹，为什么不给自己参与众筹的机会！

于是，一个内向的人就这么磕磕绊绊地联系场地、演讲者，最终，首届开智大会顺利举办。大会成功举办后，我才突然明白，原来，开智大会是一个以认知科学之名举办的异类盛会。

每个年轻人在成为自己的路上，都走过弯路。24岁到36岁这段时间，错过的总是多过得到的；遗憾总是大于收获。绝大多数人放弃了，成为名利驱动的人。但是，总有少数人，坚持走到底，成为内在动机驱动的人。

正因为我是一位异类，我理解那些年轻人走过的弯路；也正是多年来，我离名利远远的，身边反而聚集了一群内在动机驱动的异类。

如果由这些年龄在36岁以上的异类来给年轻小伙伴讲述他们的人生故事，我想，或多或少，会对年轻小伙伴有所启发。

本书作者们多是我认识多年的老朋友，我以为已经足够了解他们，但是通过他们的分享，我发现了他们不一样的心智宇宙。第一届，我在听到安替老师的“时空选择论”时太激动了；第二届，我在听到徐毅斐老师的《慢慢地做一只麋鹿》时，当场哭了。创业不易，徐老师在数百人的会场，认真剖析自己作为一名“四不像”的异类，一次又一次探索的经历，感人至深。第三届，我在听到陈虎平老师的编程大法时，笑了。

三年后，我才发现，最受启发的原来是我自己。良友如镜，照见尘埃。

感谢你，各位师友；祝福你，各位读者。异类遇见异类，内在动机驱动的人，我们在此相遇。

阳志平，安人心智集团董事长
2018 年 12 月 27 日

开智学堂

“开智学堂”（OpenMindClub.com）是以认知科学为基础的新型职业教育机构，致力于为24~36岁的知识工作者提供一流的职业教育，帮助同学提升底层思维，获取职业技能，突破职业发展瓶颈，实现职场跃迁。

开智课程

开智学堂围绕互联网新经济，提供通识教育与技能教育。它的王牌特色是强调通识教育的认知学院，以及围绕互联网新经济的黑客学院、增长学院、写作学院等技能教育。各学院提供课程如下：

- 认知学院：信息分析、论证分析、行为分析、决策分析
- 写作学院：认知写作学、古典风格写作训练营
- 黑客学院：编程思维、前端开发、数据科学、深度学习
- 增长学院：产品开发、用户运营、短视频运营、增长黑客

开智社群

短短三年，开智已连接成千上万校友，遍布三大洲，近二十个国家。他们大多来自一线互联网公司与名校毕业生，精英云集。开智

社群活动丰富，让很多素昧平生的小伙伴成为紧密战友，结下终身友谊。

开智大会：认知科学家与认知科学爱好者们欢聚一堂，围绕固定主题，探讨认知科学，脑力激荡。

开智校友会：服务开智校友，在全国十余个核心城市拥有分会。累计举办数十场开智老师与群友的讲座、线下沙龙，与国内知名出版社合作出版校友个人专著。

开智内容

开智学堂沉淀各类优质内容资源，聚集了认知科学、神经科学与心理科学圈优质作者，旗下开设“开智学堂”公众号、开智文库、开智专栏。

“开智学堂”公众号：秉承传播源头信息、提倡经典阅读，引入大量优质模因，聚集了一大批优质导师及学员作者。发表原创文章上千篇。

开智文库：依托开智学堂师生资源，专注为 21 世纪有志青年提供时间源头的知识，主要出版：讲师专著、课程讲义、前沿译作。

开智专栏：签约财新杂志心智专栏、36 氪特约作者，发布大量认知科学好文。